Estrategia Tecnológica Sustentable para Deshidratar Frutas, Verduras y Legumbres

UNIVERSIDAD TECNOLÓGICA
DE TLAXCALA

Estrategia Tecnológica Sustentable para Deshidratar Frutas, Verduras y Legumbres

José Víctor Galaviz Rodríguez
Romualdo Martínez Carmona
Benito Armando Cervantes Hernández
José Luis Hernández Corona
Ernesto Mendoza Vázquez
Alfonso Padilla Vivanco
David Villegas Hernández

Número de Control de la Biblioteca del Congreso de EE. UU.:   2012912398
ISBN: Tapa Dura   978-1-4633-1810-9
                   Tapa Blanda   978-1-4633-1809-3
                   Libro Electrónico   978-1-4633-1811-6

**Para pedidos de copias adicionales de este libro,
por favor contactenos en:**
Palibrio
1663 Liberty Drive
Suite 200
Bloomington, IN 47403
Llamadas desde España 900.866.949
Llamadas desde los EE.UU. 877.407.5847
Llamadas Internacionales +1.812.671.9757
Fax: +1.812.355.1576
ventas@palibrio.com
418992

Contenido

Contenido de Figuras

Contenido de Tablas

Agradecimientos

Al Programa de Movilidad del Espacio Común de Educación Superior Tecnológica (ECEST), y como parte del numeral 3.8.2 del Acuerdo No. 584 por el que se emiten los Lineamientos para la Operación del Programa de Becas para la Educación Superior

Dr. Luis Téllez Reyes
Rector, Universidad Politécnica de Tulancingo

C.P. Alejandro García Arenas
Rector, Universidad Tecnológica de Tlaxcala

Ing. Alfredo López Herrera
Coordinador Académico y de Desarrollo, CGUT

Dr. Luis Huerta González
Director de Desarrollo y Fortalecimiento, CGUT

Dr. César Santiago Tepantlán
Secretario Académico de la UPT

M. en C. Ismael Nava Lumbreras
Secretario Académico de la UTT

Ing. Carlos Hernández Carrillo
Director de la Carrera IMI

Ing. Benjamín Hernández Torres
Director de la Carrera IPOI

1. Introducción

La deshidratación es una de las técnicas más antiguamente utilizada para la conservación de alimentos. El secado al sol de frutas, granos, vegetales, carnes y pescados ha sido ampliamente utilizado desde los albores de la Humanidad proporcionando al hombre una posibilidad de subsistencia en épocas de carencia. Hoy en día la industria de alimentos deshidratados constituye un sector muy importante dentro de la industria alimentaria extendido por todo el mundo. El tamaño de las instalaciones varía desde simples secadores solares hasta grandes y sofisticadas instalaciones de secado. En el mercado puede encontrarse una amplia variedad de productos deshidratados (vegetales, frutas, carnes, pescados, cereales y productos lácteos) o formulados a partir de ingredientes deshidratados como es el caso de las salsas y sopas en polvo.

Generalmente, se entiende por deshidratación la operación mediante la cual se elimina total o parcialmente el agua de la sustancia que la contiene. Esta definición puede ser aplicada a sólidos, líquidos o gases y tal como está expresada puede servir para describir varias operaciones unitarias como la evaporación, la adsorción, entre otras. Sin embargo, su tratamiento teórico y la tecnología empleada las diferencian completamente.

La mayoría de los productos agroalimentarios son sólidos por lo que se define mejor la deshidratación como la operación básica por la que el agua que contiene un sólido o una disolución (generalmente concentrada) se transfiere a la fase fluida que lo rodea debido a los gradientes de actividad del agua (a_w) entre ambas fases (Figura 1).

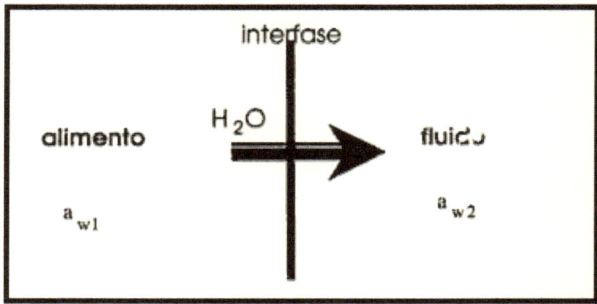

Figura 1. Esquema de las fases alimento-fluido entre las que
se produce el transporte de agua durante la deshidratación
debido a un gradiente de a_w

El agua es el principal componente de los alimentos, ayudándoles a mantener su frescura, sabor, textura y color. Además de conocer el contenido de agua o humedad de un alimento, es imprescindible conocer si ésta está disponible para ciertas reacciones bioquímicas, enzimáticas, microbianas, o bien interactuando con otros solutos presentes en el alimento, como son, proteínas, carbohidratos, lípidos y vitaminas.

Desde el punto de vista comercial una importante ventaja de utilizar esta técnica, es que al convertir un alimento fresco en uno procesado (deshidratado) se añade valor agregado a la materia prima utilizada. Además se reducen los costos de transporte, distribución y almacenaje debido a la reducción de peso y volumen del producto en fresco.

2. Antecedentes

La deshidratación a través de la historia es una de las técnicas más ampliamente utilizadas para la conservación de los alimentos. Ya en la era paleolítica, hace unos 400.000 años, se secaban al sol alimentos como frutas, granos, vegetales, carnes y pescados, aprendiendo mediante ensayos y errores, para conseguir una posibilidad de subsistencia en épocas de escasez de alimentos, no solo necesarios sino que también nutritivos. El primer hombre secó sus alimentos en sus refugios. Los indios americanos precolombinos usaron el calor del fuego para secar alimentos. El uso del fuego para secar alimentos fue descubierto independientemente por muchos hombres en el Nuevo y Viejo Mundo.

Las dificultades y limitaciones inherentes al secado al sol pronto espolearon la imaginación del hombre primitivo a utilizar técnicas más poderosas y seguras. Así, en la edad de Hierro ya se construyen en la zona del Norte de Europa los primeros hornos para el secado del trigo recién cosechado.

Estas técnicas no sufrieron cambios importantes hasta la Revolución Industrial. Diderot (1751) describe muchos de los procedimientos de secado de alimentos en la Francia anterior a la revolución. Un siglo más tarde Tomlinson (1854) describe algunas de las técnicas utilizadas en la época en la deshidratación de papel, fibras naturales y algunos alimentos. En especial hace referencia a la Gran Exhibición de Londres en 1851 donde entre otros avances se presentan muestras de leche en polvo preparado por "eliminación de la porción acuosa mediante un suave calentamiento" lo que hace pensar en la posibilidad de deshidratar vegetales en hornos de secado mediante un aprovechamiento similar.

En 1877 se crea la oficina alemana de patentes y un año más tarde se presenta la patente de un secador calentado por radiación y 4 años después se registra la patente de un secador a vacío. A principios del siglo pasado Hausbrand publica "Drying of air and steam" (1901) lo que puede ser considerado como el primer intento serio de aplicación de los métodos de ingeniería al cálculo de deshidratadores. En la actualidad puede afirmarse que la deshidratación es una operación unitaria plenamente desarrolladla y con unos fundamentos teóricos bien establecidos.

Esta técnica de conservación trata de preservar la calidad de los alimentos bajando la actividad de agua (a_w) mediante la disminución del contenido de humedad, evitando así el deterioro y contaminación microbiológica de los mismos durante el almacenamiento. Para ello se pueden utilizar varios métodos de deshidratación o combinación de los mismos, tales como secado solar, aire caliente, microondas, liofilización, atomización, deshidratación osmótica, entre otros. No obstante, para obtener alimentos deshidratados de buena calidad es imprescindible estudiar en detalle los fenómenos de transferencia de materia y energía involucrados en el proceso, como los cambios producidos a nivel estructural (porosidad, firmeza, encogimiento, densidad) y las reacciones bioquímicas que se llevan a cabo en el momento del proceso (oxidación, enzimáticas, no enzimáticas, desnaturalización).

3. Importancia de la humedad en alimentos

Los microorganismos tienen una necesidad perentoria de agua, ya que sin agua no es posible el crecimiento. La cantidad exacta de agua, necesaria para el crecimiento de los microorganismos es variable. Esta demanda de agua se define como agua libre o actividad de agua (a_w). La mayoría de los alimentos contiene una cantidad de humedad suficiente para permitir la actividad de sus propios enzimas y la de los microorganismos, de forma que para conservarlos por desecación es necesario que su humedad sea eliminada o fijada.

La desecación se suele conseguir eliminando el agua. La humedad de los alimentos se puede eliminar mediante varios procedimientos, que van desde la desecación mediante la acción de los rayos solares hasta los procedimientos artificiales que se emplean en la actualidad.

El agua presente en los alimentos, no se encuentra en estado puro, si no que puede estar en forma de solución de sólidos, de gel, en emulsión o ligada de diversos modos a los constituyentes sólidos, por lo que pueden presentarse las siguientes etapas:

- **Movimiento de solutos**
- **Retracción**
- **Endurecimiento superficial**

3.1. Movimientos de Solutos

El agua que fluye hacia la superficie durante la desecación contiene diversos productos disueltos. A la migración de sólidos en los alimentos, contribuye también la retracción del producto, que crea presiones en el interior de las piezas. Se ha demostrado que el movimiento de los solutos, puede ir del centro a la superficie y viceversa; esto dependerá de las características del producto y de las condiciones de desecación.

3.2. Retracción

Durante la desecación de los tejidos animales y vegetales, se produce cierto grado de retracción del producto. La retracción de los alimentos durante la desecación puede influir en las velocidades del proceso, debido a los cambios en el área de la superficie de la desecación y a la creación de gradientes de presión en el interior del producto.

3.3. Endurecimiento Superficial

Se ha observado que durante la desecación de algunas frutas, carnes y pescados, frecuentemente se forma en la superficie, una película impermeable y dura. Esto, determina normalmente, una reducción en la velocidad de desecación. Es causado, probablemente, por la migración de sólidos solubles a la superficie y las elevadas temperaturas que se alcanzan en el proceso de desecación.

4. Técnicas de eliminación de agua en productos agroalimentarios

La deshidratación puede llevarse a cabo por diferentes métodos, mecánicos y físico-químicos. Veamos de manera resumida en qué consisten cada uno de ellos.

4.1. Prensado

También llamado compresión, es una operación que tiene por finalidad separar un líquido de un sistema de dos fases sólido-líquido, comprimiendo el sistema en condiciones que permitan al líquido fluir y salir mientras el sólido queda retenido entre las superficies compresoras.

4.2. Centrifugación

Al aplicar a un material mojado una fuerza centrífuga suficientemente elevada, el líquido contenido en el material se desplaza en la dirección de la fuerza, produciendo así una separación del líquido y del sólido.

4.3. Evaporación superficial

Cuando un producto se somete a la acción de una corriente de aire caliente, el líquido que contiene se evapora aumentando su contenido en el aire. Se produce así una desecación. Este es el método más utilizado, también llamado deshidratación de aire por aire caliente.

4.4. Ósmosis

Cuando un producto se sumerge en una disolución concentrada de sal o azúcar, se produce un flujo de agua desde el interior de las células del alimento hacia la disolución más concentrada a través de una membrana semipermeable (membrana celular). Este flujo se establece a causa de una diferencia de potencial químico del agua en el alimento y en la solución que le rodea.

4.5. Liofilización

En esta operación el líquido a eliminar, previamente congelado, se separa del producto que los contiene por sublimación. De ahí que sea necesario partir del material congelado y trabajar en condiciones de vacío. Durante este proceso y bajo la influencia de un ligero calentamiento, el agua contenida en los productos en forma de hielo, es convertida en vapor y eliminada de las células. La forma, el color, el tamaño y la consistencia se conservan. La estructura porosa de las células resultantes en el producto final permite reabsorber rápidamente el agua. Las ventajas para emplear ingredientes liofilizados son: larga vida de anaquel, almacenamiento a temperatura ambiente, facilidad de manejo durante la producción, una rehidratación instantánea y una excelente microbiología.

4.6. Absorción

La absorción es una operación aplicada a gases, en la que uno o varios componentes de una mezcla gaseosa se disuelven en un líquido. En el caso de la desecación, el componente que se solubiliza es el vapor que se quiere eliminar del gas en cuestión. Como ejemplo puede citarse la desecación de gases mediante ácido sulfúrico.

4.7. Adsorción

Es difícil una definición simple de adsorción por lo que nos limitaremos a dar un ejemplo: la eliminación del agua contenida en el aire mediante adsorbentes como el gel de sílice.

4.8. Congelación

Cuando se congela una sustancia que contiene un líquido, éste se separa paulatinamente en forma sólida produciendo una concentración del material que contiene disuelto o bien, cuando se encuentra en cantidades pequeñas, desecando el material.

5. Fuentes de energía utilizadas en deshidratación de alimentos

Uno de los criterios de clasificación de tipos de secadores se basa en la manera de transmitir el calor, fundamentalmente, por convección, conducción y radiación. Los distintos mecanismos de transporte de calor implicados en el secado van a repercutir notablemente en la cinética del proceso y por tanto en los costes totales, pero para asegurar esto último deberá tenerse en cuenta además qué fuentes de energía pueden ser utilizadas para el funcionamiento de los equipos de secado.

En el secado convectivo el calor se transfiere al sólido que se está secando mediante una corriente de aire caliente que además de transmitir el calor necesario para la evaporación del agua es también el agente transportador del vapor de agua que se elimina del sólido. En este tipo de secadores los aspectos energéticos se evaluarán por tanto atendiendo a la fuente de energía utilizada para la generación de aire caliente.

5.1. Generación de aire caliente

En los secadores convectivos, el aire caliente es impulsado a través del secador por medio de ventiladores. Las fuentes de energía utilizadas para calentar el aire son muy variadas, entre ellas el gas natural ofrece mayor flexibilidad y una respuesta más rápida a menor coste, y también permite trabajar a temperaturas más altas. Sin embargo los requerimientos de seguridad con muy estrictos o rigurosos. El propano tiene características similares al gas natural pero es muy caro.

La mayoría de los secadores son calentados con vapor evitando así el contacto del producto que se está secando con los productos procedentes de la combustión. Las temperaturas que se consiguen en este caso son limitadas (normalmente entorno a los 150°C), sin embargo, presentan con frecuencia problemas de mantenimiento por obstrucción de las aletas del intercambiador de calor debido a la formación de depósitos. Sus aplicaciones están generalmente limitadas a aquellos casos en los que se requieren temperaturas muy altas para el secado de productos en los que la contaminación debida a los productos de la combustión deba ser evitada.

Al calentar al producto por convección, el calor penetra hacia el interior del alimento a través de la superficie principalmente por conducción, mientras que la humedad debe salir a través de ella, por lo que el gradiente de temperatura es contrario al gradiente de humedad. En consecuencia, únicamente se produce el secado o la reducción del contenido en agua cuando el interior ha alcanzado suficiente temperatura para que nuevamente emigre la humedad hacia la superficie y, finalmente, al exterior.

5.2. Transporte de calor por conducción

El transporte de calor por conducción o secadores indirectos son más apropiados para productos finos o sólidos muy húmedos (líquidos pastosos o viscosos). El calor de evaporación se proporciona a través de superficies calentadas (en reposo o en movimiento) colocadas directamente en contacto con el material a secar. El calentamiento de estas superficies se realiza normalmente mediante vapor. El agua evaporada se elimina mediante una operación de vacío o a través de una corriente de gas cuya función principal es la de eliminar agua (y no calentar como en el caso de los secadores convectivos). Para sólidos sensibles al calor se recomienda la eliminación del agua mediante una operación de vacío. La eficiencia térmica en los secadores por conducción es bastante alta dado que no existen tantas pérdidas de entalpía como en el caso de los secadores convectivos. Como ejemplos de secadores indirectos pueden citarse los secadores de palas para el secado de pastas, los secadores rotatorios con tubos internos de vapor y los secadores de tambor para el secado de compuestos acuosos.

5.3. Utilización de energía radiante

5.3.1. Energía solar

El secado solar al aire libre ha sido utilizado desde tiempos inmemorables para el secado de carne, pescado, madera y otros productos agrícolas como medio de conservación. Con objeto de aprovechar los beneficios de la fuente de energía limpia y renovable proporcionada por el sol, se han realizado numerosos intentos en los últimos años para desarrollar el secado solar principalmente para la conservación de productos agrícolas y forestales.

Entre las ventajas que presenta el secado solar, la más destacable es la energía que utiliza (limpia, renovable y que no puede ser monopolizada). Sin embargo, no puede olvidarse la dificultad que entraña el carácter periódico de la radiación solar, dificultad que por otra parte puede solucionarse utilizando acumuladores de calor o utilizando una fuente de energía auxiliar. Un aspecto importante para la utilización de la energía solar es el costo y la rentabilidad.

5.3.2. Calentamiento por infrarrojos

El calentamiento por infrarrojos (IR) durante el secado de productos, no es un método muy común, pero su aplicación se ha incrementado en los últimos años. Aunque este tipo de transmisión de calor se utilizo de forma accidental en el pasado, acompañado de otros tipos de transferencia de calor durante el secado, los secadores por infrarrojos se diseñan en la actualidad para utilizar el calor radiante como fuente primaria de energía. Sin embargo, no son muy frecuentes los estudios del secado por IR aplicado a alimentos.

5.3.3. Calentamiento por microondas

Las microondas pertenecen a la gama de ondas del espectro electromagnético y su frecuencia se sitúa entre la de los rayos infrarrojos y la de las ondas de radio y televisión. Durante la Segunda Guerra Mundial, los científicos observaron que estas microondas podían usarse con otros fines, además de aplicarse a los sistemas de comunicación. Desde entonces, las aplicaciones de esta tecnología han seguido evolucionando.

Calentar y secar con energía microondas es totalmente diferente al calentamiento y secado convencional. Los alimentos contienen moléculas (fundamentalmente agua) cargadas negativa y positivamente que adquieren la forma de un dipolo eléctrico. Si se somete al alimento a una radiación electromagnética, éste se calienta por conversión de la radiación en energía térmica como consecuencia de la fricción intermolecular resultante del movimiento de las cargas eléctricas por fuerzas de atracción y repulsión (reorientación de los dipolos con cada cambio de polaridad), bajo la influencia del campo eléctrico correspondiente (Astigarraga, Urquiza y Aguirre, 2005). La reorientación de los dipolos disipa la energía aplicada en forma de calor. En consecuencia, el calentamiento es selectivo ya que la interacción del campo electromagnético es generalmente con el disolvente y no con el sustrato. Por lo tanto, es el agua lo que se calienta y se elimina, mientras que el sustrato es calentado principalmente por conducción.

6. Secadores utilizados en la industria alimentaria: clasificación

A nivel industrial, cuando el secado se hace por transmisión de calor al sólido húmedo, diversos son los tipos de secadores utilizados dependiendo de las características y propiedades físicas del producto húmedo y/o del procedimiento deseado para que ocurra dicha transmisión de calor. Entre ellos se encuentran:

6.1. Secadores directos o convectivos

Se caracterizan por utilizar gases calientes para suministrar el calor en contacto directo con el alimento, fundamentalmente por convección, y arrastrar el líquido vaporizado. Ejemplo de este tipo son los secadores de horno o estufa, de bandejas o de armario, de túnel, de cinta transportadora, de torre o bandejas giratorias, de cascada, rotatorios, de lecho fluidizado, por arrastre neumático, por atomización.

Los gases calientes pueden ser:

- Aire calentado por vapor de agua.
- Productos de la combustión.
- Gases inertes.
- Vapor recalentado.
- Aire calentado por resistencia eléctrica.
- Aire calentado por radiación solar.

En este tipo de secadores el consumo de combustible es tanto mayor cuanto más bajo es el contenido de humedad residual del producto final. Este tipo de secadores pueden ser continuos o intermitentes, siendo el costo de funcionamiento menor en los primeros y utilizándose los segundos para bajas capacidades de producción y para el tratamiento de productos que exigen manipulación especial.

6.2. Secadores por conducción o indirectos

El calor se transmite al alimento por conducción a través de la pared que lo contiene, generalmente metálica, eliminándose el líquido vaporizado independientemente del medio calefactor; entre ellos se encuentran los secadores de bandeja a vacío, por sublimación (liofilizadores), de tornillo sin fin, de rodillo. La fuente de calor puede ser:

• Vapor que condensa.
• Agua caliente.
• Aceites térmicos.
• Gases de combustión.
• Resistencia eléctrica.

Los secadores indirectos permiten la recuperación del disolvente y son apropiados para la desecación a presiones reducidas y en atmósferas inertes, lo que los hace recomendables para deshidratar productos termolábiles o fácilmente oxidables, pudiendo utilizar métodos de agitación para asegurar una mejor transmisión del calor y eliminar los gradientes de humedad en el producto. Al igual que los directos, pueden funcionar en régimen continuo o intermitente.

Otro tipo de secadores menos frecuentes son los *secadores por radiación,* en donde la energía se produce eléctricamente (infrarrojos) o por medio de refractarios únicamente calentados con gas, y los *secadores dieléctricos y por microondas*. El costo de la energía necesaria para este método es de dos a diez veces mayor que el costo del combustible en los secadores directos (Fito *et al*., 2010).

7. Tipos de secadores directos o por convección

Son en general aparatos sencillos y de fácil manejo. Los secadores por convección son los más utilizados en las industrias agrícolas y constan, en esencia, de las siguientes partes:

- Recinto.
- Sistema de calefacción: generalmente calorifugado, donde se realiza la evaporación.
- Sistema de impulsión del aire.

7.1. Secadores de horno o estufa

Es el más simple y consta de un pequeño recinto en forma paralelepipédica de dos pisos. El aire de secado se calienta en un quemador del piso inferior y atraviesa por convección natural o forzada el segundo piso perforado en el que se asienta el lecho del producto a secar.

Hoy día su utilización en la industria de alimentos es muy reducida, utilizándose para el secado de manzanas, lúpulo y forrajes verdes, entre otros (Figura 2).

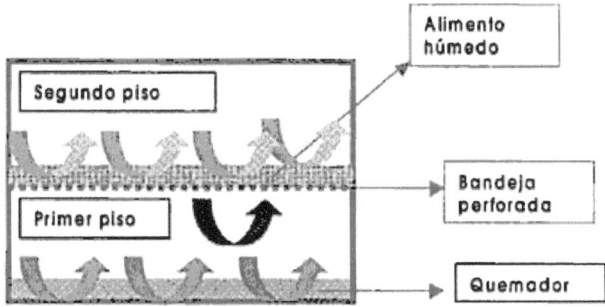

Figura 2. Esquema de un secador de horno o estufa

7.2. Secadores de bandejas o de armario

Normalmente funciona en régimen intermitente. Está formado por una cámara metálica rectangular que contiene unos soportes móviles sobre los que se apoyan los bastidores. Cada bastidor lleva un cierto número de bandejas poco profundas, montadas unas sobre otras con una separación conveniente que se cargan con el material a secar.

7.3. Secadores de cinta transportadora

También llamados de cinta-túnel, son secadores continuos con circulación de aire a través del material que se traslada sobre un transportador de cinta perforada. La cinta transportadora se desplaza a una velocidad fijada por el tiempo de secado; suele ser de malla metálica entrelazada o de lámina de acero perforada.

El producto húmedo se carga automáticamente, en un extremo de la cinta, en capas de 10 a 15 cm. de espesor. Generalmente en la primera sección del equipo el aire de secado atraviesa perpendicularmente el lecho del producto en sentido ascendente, mientras que en las proximidades del extremo de descarga circula en sentido descendente con el fin de evitar el arrastre de las partículas finas del producto casi seco. Sin embrago, El túnel de secado puede dividirse en dos e incluso en tres secciones independientes de forma que puede establecerse en cada una condiciones de secado diferentes. De acuerdo con el número y la forma de las cintas transportadoras, existen varios tipos de equipos. Los más corrientes son (Figura 3).

- Secadores de cinta simple.
- Secadores de cinta múltiples.
- Secadores de cinta helicoidal.

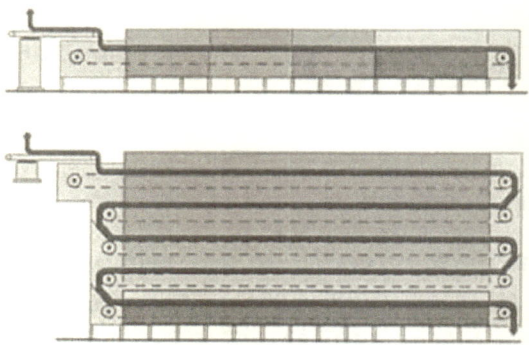

Figura 3. Secador de cinta transportadora

7.4. Secador de torre o de bandejas giratorias

Es un secador de bandejas de funcionamiento continuo. Consiste en una envoltura vertical, cilíndrica o hexagonal, dentro de la cual hay una serie de bandejas segmentadas en forma de anillo montadas unas encima de otras sobre un eje que gira lentamente a razón de 0.1 a 1.0 r.p.m. Los sólidos se alimentan sobre la bandeja por la parte superior de la columna están expuestos durante un breve espacio de tiempo a una corriente de aire o gas caliente que circula sobre la superficie de éstos sólidos. Un brazo rascador provoca la caída del material por una ranura radial sobre la bandeja inmediatamente inferior donde el material es nivelado por una cuchilla fija. De esta manera avanza el producto a través del secador, descargando por el fondo de la torre. El flujo de sólidos y de gas puede ser en corrientes paralelas o en contracorriente (Figura 4).

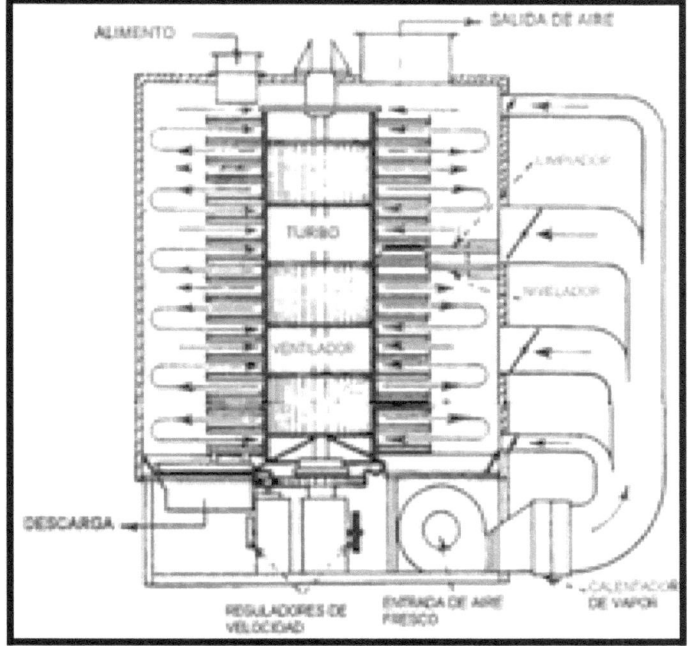

Figura 4. Secador de torre o de bandejas giratorias

El turbosecador es un secador de torre con recirculación intensa del gas de calefacción. Unos soplantes de turbina, dispuestos en el eje central, impulsan el aire o el gas hacia afuera, entre algunas bandejas, pasando a continuación entre los elementos calefactores y desplazándose finalmente hacia dentro, entre otras bandejas. Las últimas bandejas del fondo constituyen la sección de enfriamiento de los sólidos secos.

8. Materiales refractarios

8.1. Fibras cerámicas

Se derivan las colchas de fibras de cerámicas, las cuales son muy convenientes, pues poseen la misma resistencia al calor que un ladrillo refractario, pero con una gran flexibilidad y ligereza. Estas fibras resultan ser **más convenientes** que las lanas aislantes (lana mineral) y las fibras de vidrio, pues tienen una mayor capacidad aislante. Existe una amplia variedad de opciones en el mercado, que, al igual que las fibras cerámicas, se emplean para la fabricación de hornos refractarios (Figura 5).

Figura 5. Fibra cerámica

Los materiales refractarios son materiales capaces de soportar elevadas temperaturas, resistir cargas mecánicas sin corroerse o debilitarse y soportan cambios de temperaturas (choques térmicos), ataques químicos y abrasión.

8.2. Concretos refractarios

Son mezclas secas tecnológicamente formuladas a base de materias primas refractarias, cuidadosamente seleccionadas y agentes ligantes de fraguado hidráulico. Se utilizan para la fabricación de piezas especiales o piezas monolíticas y en hornos rotatorios, hornos de tratamiento térmico, tapas de hornos de inducción y calderas.

8.3. Morteros refractarios

Los morteros refractarios son agentes refractarios ligantes, constituidos por una mezcla de compuestos refractarios finamente molidos, con agregados de otras sustancias que pueden no ser refractarias y que en estado húmedo se utilizan para adherir ladrillos o piezas refractarias (Ladrillos refractarios y losetas Figura 6).

Figura 6. Ladrillos refractarios

8.4. Vidrio

Los vidrios son materiales cerámicos no cristalinos; se denominan como materiales *amorfos* (desordenados o poco ordenados), inorgánicos, de fusión que se ha enfriado a una condición rígida sin cristalizarse. El vidrio es una materia inerte compuesta principalmente de silicatos. Es duro y resistente al desgaste, a la corrosión y a la compresión.

Anteriormente la materia prima para la fabricación del vidrio eran solamente las *arcillas*. Con el paso del tiempo se fueron implementando nuevos elementos a la fabricación del vidrio para obtener diferentes tipos.

En la actualidad muchos materiales desempeñan un papel importante, pero las *arcillas* siguen siendo fundamentales

8.4.1. Estructura atómica

Las estructuras vítreas se producen al unirse los tetraedros de sílice u otros grupos iónicos, para producir una estructura reticular no cristalina, pero sólida (figura 7).

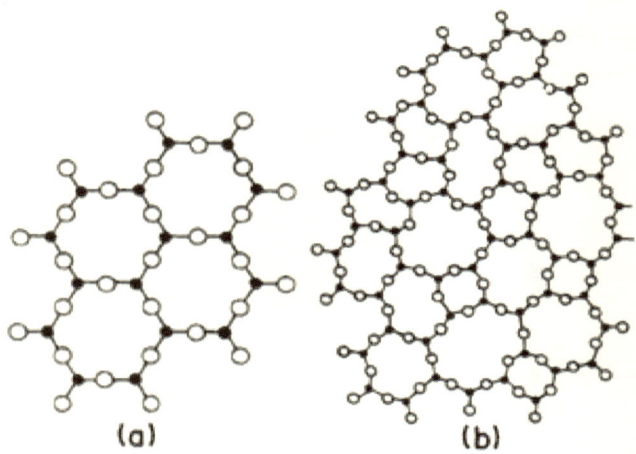

(a)   (b)

Figura 7. Estructura reticular no cristalina

8.4.2. Propiedades ópticas

Las propiedades ópticas se pueden decir de manera concisa, que una parte de la luz es "refractada", una parte es "absorbida", y otra es "transmitida".

Cada una de ellas llevara un porcentaje de la totalidad del rayo de luz que hizo contacto con el vidrio. El prisma de color que se crea del otro lado del vidrio va del color rojo al color violeta, de los cuales los extremos dan lugar también a las luces no perceptibles por el ojo humano, infrarrojo y la ultravioleta. Es el color de la luz que "sale" del vidrio la cual pasa a través de este, y todos los demás colores del prisma son absorbidos por el vidrio, claro que, son vidrios muy particulares los cuales logran solamente dejar pasar la luz ultravioleta o la infrarroja, pero gracias a la tecnología actual se han logrado las condiciones precisas para lograr esto.

8.4.3. *Propiedades térmicas*

* **Calor específico**

Se define como el calor necesario para elevar una unidad de masa de un elemento un grado de temperatura. En los vidrios el calor específico es de 0,150 cal/g °C aproximadamente.

* **Conductividad térmica**

La conductividad térmica del vidrio es de aproximadamente 0,002 cal/cm seg. °C. Cifra mucho más baja que la conductividad de los metales.

8.5. Poliuretano

Básicamente, la espuma se obtiene a partir de tres componentes químicos a saber: Poliol (resina hidroxilada), Poliisocianato, Agente de expansión.

La espuma rígida de poliuretano se obtiene cuando dos productos químicos—un diisosianato y un poliol—se mezclan en presencia de catalizadores y activadores adecuados.

En la aplicación de la espuma rígida por proyección la mezcla tiene lugar en una reducida cámara en la pistola proyectora. Desde cada uno de los tambores de los componentes, estos son impulsados por medio de bombas dosificadoras hasta la cámara de mezcla de la pistola.

Una vez mezclados los componentes, el calor liberado durante la reacción se emplea para vaporizar el agente de expansión, que es el causante de la transformación de la mezcla en espuma con un volumen aproximado de 25 veces el volumen de los componentes en estado líquido.

La densidad normal de la espuma está generalmente comprendida entre los 38 y 40 Kg/m³ y en virtud de la baja conductividad térmica del gas ocluido en las celdas de la espuma, proporciona un excelente grado de aislamiento térmico.

8.5.1. *Propiedades principales*

Posee un coeficiente de transmisión de calor muy bajo, mejor que el de los aislantes tradicionales, lo cual permite usar espesores mucho menores en aislaciones equivalentes.

Mediante equipos apropiados se realiza su aplicación "in situ" lo cual permite una rápida ejecución de la obra consiguiéndose una capa de aislación continua, sin juntas ni puentes térmicos.

Su duración, debidamente protegida, es indefinida. Tiene una excelente adherencia a los materiales normalmente usados en la construcción sin necesidad de adherentes de ninguna especie.

Tiene una alta resistencia a la absorción de agua. Muy buena estabilidad dimensional entre rangos de temperatura desde −200 °C a 100 °C. Refuerza y protege a la superficie aislada. Dificulta el crecimiento de hongos y bacterias. Tiene muy buena resistencia al ataque de ácidos, álcalis, agua dulce y salada, hidrocarburos, entre otros.

9. Deshidratador solar de cama plana

Uno de los proyectos de la Universidad Tecnológica de Tlaxcala es el deshidratado de frutas y hortalizas de productos no comerciables frescos. Actualmente se busca aprovechar la energía solar a través de un equipo de deshidratación convencional de cama plana, que se describe a continuación.

9.1. Diseño del deshidratador solar

El deshidratador solar está construido de un material de estructura metálica de 2.0 m. de largo por 1.0 m. de ancho y un cristal o vidrio polarizado de 6 mm de espesor (figura 8).

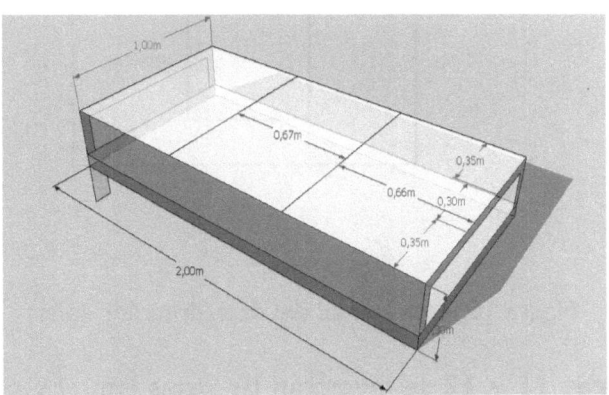

Figura 8. Diseño del deshidratador solar de cama plana

En la figura. 9 y 10 se muestran la vista superior y frontal del deshidratador solar.

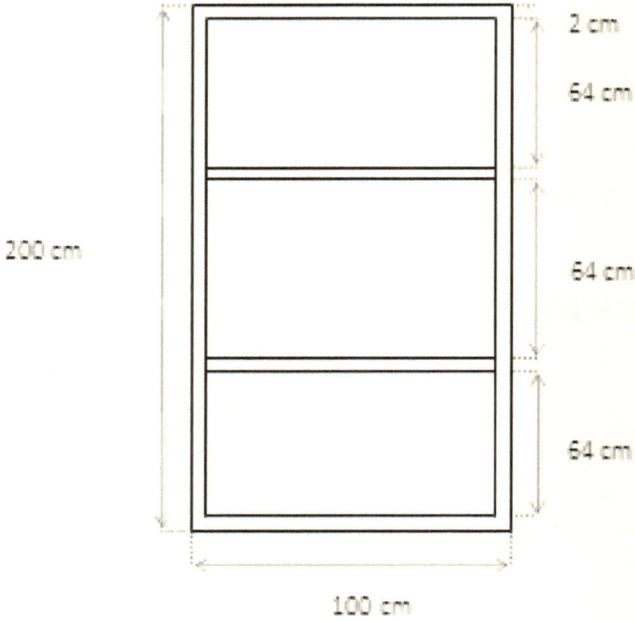

Figura 9. Vista superior del deshidratador solar

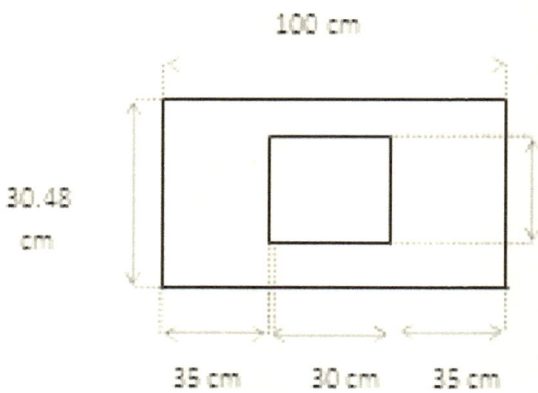

Figura 10. Vista frontal del deshidratador solar

En las figuras 11 y 12 se muestran las vistas lateral y posterior del deshidratador solar.

Figura 11. Vista lateral del deshidratador de cama plana

Figura 12. Vista posterior del deshidratador solar

En la figura 13 se muestra la rejilla metálica del deshidratador. La rejilla tiene 74 remaches incluyendo rondanas para la sujeción total de la malla para la colocación de los alimentos a deshidratar.

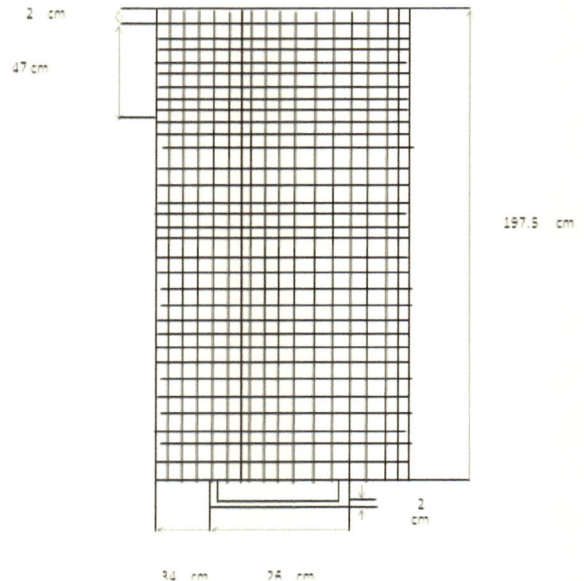

Figura 13. Rejilla metálica

A continuación se muestra una imagen del deshidratador solar de cama plana convencional con estructura metálica y vidrio de 6 mm de espesor (figura 14).

Figura 14. Deshidratador solar de cama plana

Para conocer el comportamiento de la temperatura se realizó el siguiente estudio térmico.

10. Estudio Térmico del deshidratador solar de cama plana de la Universidad Tecnológica de Tlaxcala

El propósito de esta investigación es evaluar la uniformidad de temperatura del deshidratador convencional. Las lecturas se tomaron en el cristal de la parte superior del deshidratador, dividiéndolo en tres áreas verticales, que se identificaron con las letras A, B, C (tratamientos) con 7 zonas c/u. Con un total de 21 lecturas por hora. Las lecturas se tomaron cada hora desde las 10:00 a.m. a las 16:00 p.m. Con el registro de datos se realizó un análisis ANOVA (comparación de medias y varianzas de los tratamientos). Las muestras se identificaron con las fechas de registros, así la muestra 1 se identificó con 29-11-2011, la Muestra 2 con 30-11-2011, y la Muestra 3 con 02-12-2011. Los resultados de la muestra 1, arrojo que no existe normalidad en los tratamientos (A,B,C) por lo tanto en esta primera muestra no se llevó a cabo el análisis ANOVA por no cumplir con tal característica de normalidad de distribución de los registros de los tratamientos. La segunda muestra se encontró normalidad en los tratamientos, por lo que se realizó el análisis ANOVA, encontrándose que existe significancia en las temperaturas. En la muestra 3 también existe normalidad en los tratamientos y el nivel de significancia observado es de 8,27, que comparado con el punto crítico obtenido $F(0.05,2,18)$ $F=3.55$ se encuentra fuera del área de aceptación, y por lo tanto no hay evidencia significativa para asegurar que existe uniformidad en las temperaturas.

En la Universidad Tecnológica de Tlaxcala hemos experimentado la captación solar sobre todo en las días más soleados en los meses de Noviembre y Diciembre con el deshidratador de estructura metálica de cama plana de cristal de 6 mm. Se ha comparado la temperatura ambiente con la temperatura que alcanza el deshidratador y ha sido de un 85% de incremento para la primera muestra, 64.5% para la segunda muestra y 79.6% para la tercera muestra. Esta variación depende de los cambios de temperatura del medio ambiente y porque el deshidratador no cuenta con materiales refractarios para conservar el calor durante el proceso de deshidratación.

10.1. Metodología

Para la realización del estudio térmico del deshidratador solar convencional, se realizó mediante la siguiente metodología: El deshidratador se dividió en tres áreas (A, B, C), con 7 zonas c/u, enumeradas del 1 al 7 en el área A, del 8 al 14 en el área B, y del 15 al 21 en el área C como se muestra en la siguiente Tabla 1.

Tabla 1. Áreas y zonas de la deshidratadora

Área A = Zonas de 1-7 (lado izquierdo del deshidratador)	Área B = Zonas de 8-14 (Centro del deshidratador)	Área C = Zonas de 15-21 (lado derecho del deshidratador)
1	8	15
2	9	16
3	10	17
4	11	18
5	12	19
6	13	20
7	14	21

Fuente: Elaboración propia, 2012.

En la tabla 1 se muestran las áreas identificadas del cristal del deshidratador en forma vertical. Las zonas se identificaron con los números especificados en cada una de las columnas. Se tomaron lecturas de temperatura cada hora desde las 10:00 am. hasta las 16:00 pm. Tiempo en el cual los rayos solares son más intensos durante el día.

El registro de temperaturas se llevo a cabo en grados centígrados con un termómetro de rayos infrarrojos. El estudio consistió en registrar las temperaturas desde las 10:00 a.m. hasta las 16:00 horas tomando 7 lecturas en cada una de las tres áreas. Las muestras se identificaron con los siguientes códigos.

Muestra 1:= 29-11-2011
Muestra 2:= 30-11-2011
Muestra 3:= 02-12-2011

Desarrollo:

Muestra 1: A continuación se muestra el promedio de temperaturas registradas cada hora, desde las 10:00 de la mañana hasta las 16:00 horas p.m. Con el registro de las temperaturas se analizó la uniformidad de las temperaturas por día.

Tabla 2. Temperaturas promedio

Fecha (muestra 1)	Temperatura ambiente	Área A = Zonas de 1-7	Área B = Zonas de 8-14	Área C = Zonas de 15-21
	21.2	35,91	40,23	39,83
	21.2	39,27	40,86	40,09
	21.2	39,50	40,94	40,61
29-11-2011	21.2	38,89	39,57	41,30
	21.2	38,97	40,77	40,40
	21.2	39,69	39,10	38,91
	21.2	38,66	37,23	35,00

Fuente: Elaboración propia, 2012.

Con los datos de la Tabla 2 y el Software Minitab se determinó la uniformidad de temperatura del deshidratador, haciendo una prueba ANOVA. Para llevar adelante el análisis ANOVA se consideraron los siguientes supuestos:

a). Existe normalidad entre las muestras.

b). La variabilidad de las muestras son iguales

c). Las muestras son independientes.

Antes de realizar la prueba ANOVA se determinaron los supuestos anteriores, La normalidad, igualdad de la variabilidad y la independencia de las muestras con la finalidad de garantizar el estudio. Para determinar la normalidad de un estadístico de prueba se definió el nivel de significancia de α = 0.05 mientras que el valor observado o calculado (**valor - P**), es definido como el área bajo la distribución de referencia más allá del valor del estadístico de prueba o área bajo la curva fuera del intervalo para pequeñas muestras ($-t_o, t_o$) (Humberto Gutiérrez Pulido 2008). Donde t_o es la variable que tiene una distribución t student para pequeñas muestras con n-1 grados de libertad. De la definición anterior se desprende que H_o se rechaza si la significancia observada (**valor - P**) es menor que la significancia dada, o sea, si el valor de P < α. Para nuestro estudio se ha considerado una significancia de α=0.05 y los resultados obtenidos realizados con los registros de la muestra 1 y el software Minitab se muestran en la figura 15, donde encontramos que el **valor P < α** en cada tratamiento, por lo tanto se concluye de manera contundente que se rechaza la H_o, es decir hay cambios significativos en la distribución de los datos de cada una de las áreas o tratamientos, y por lo tanto el proceso no es estable, por lo que nos obligó analizar mas muestras para verificar la normalidad y el análisis ANOVA.

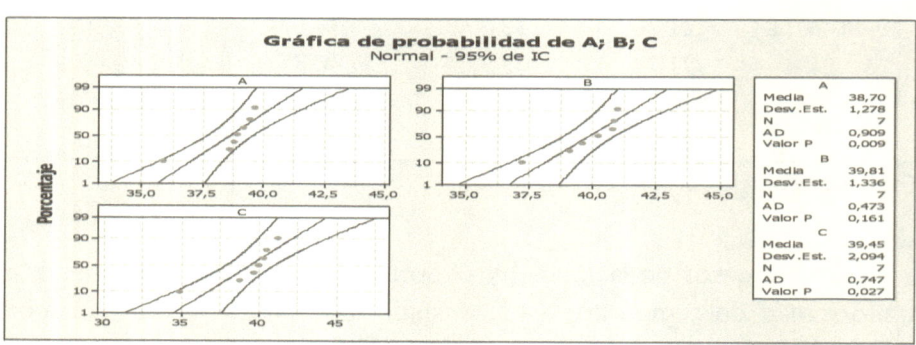

Figura 15. Análisis de normalidad

Muestra que la normalidad no es buena, ya que el valor p, o valor de significancia observado de las áreas A y C es $P < 0.05$, mientras que en el área B, $p >$ de 0.05 del nivel de significancia determinado. Debido a que los datos de la muestra 1 no cumple con las características de normalidad y de variabilidad se procedió a realizar la segunda muestra (Figura 15).

En la Tabla 3 se muestran los registros promedio de una segunda muestra de temperaturas del día 30-11-2011 desde las 10:00 a.m. hasta las 16:00 p.m. tomadas cada hora.

Tabla 3. Registro promedio de la segunda muestra

Fecha (muestra2)	Temperatura ambiente	Área A = Zonas de 1-7	Área B = Zonas de 8-14	Área C = Zonas de 15-21
	21.80	31,9	38,9	36,89
	21.80	32,7	39,0	38,69
	21,80	33,0	39,7	38,94
30/11/2011	21,80	33,1	37,6	37,70
	21,80	32,6	35,7	37,46
	21,80	32,5	37,5	37,89
	21,80	30,6	34,6	35,77

Fuente: Elaboración propia, 2012.

Con los registros de la Tabla 3 y el software Minitab se procedió a determinar la normalidad de las temperaturas para poder llevar adelante el análisis ANOVA.

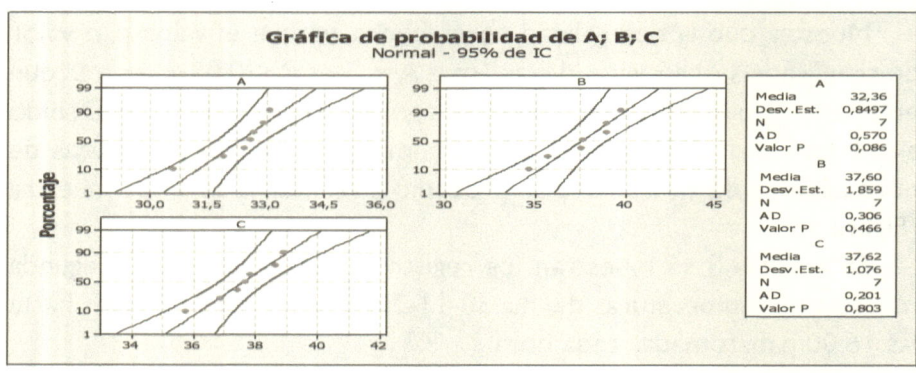

Figura 16. Normalidad

Se puede observar que el nivel de significancia observado en las tres áreas de la muestra 2, **Valor-p > 0.05** es mayor al valor de significancia determinado de $\alpha=0.05$, por lo que podemos afirmar que no hay cambios significativos en la distribución de los datos y por lo tanto el proceso de temperatura de cada área del deshidratador (A, B, C) es estable. Por lo que proseguimos a determinar el análisis ANOVA (Figura 16).

Análisis ANOVA

1. **Planteamiento de hipótesis:** Se desea demostrar que el promedio de temperatura de cada una de las áreas identificadas como A, B, C (tratamientos) son iguales H_0 y que existe uniformidad en la temperatura del deshidratador, pero también existe la posibilidad de que la temperatura de las tres áreas definidas sea A≠B≠C Y no sea uniforme H_1.

   $H_{0:}$ A=B=C
   $H_{1:}$ A≠B≠C

2. **Nivel de significancia:** El nivel de significancia (α), es el nivel de riesgo que se corre de rechazar la hipótesis nula cuando, en realidad, es verdadera (Douglas A. Lind, William G. Marchal). El nivel de significancia mas recomendada para proyectos de investigación es de $\alpha=0.05$ (Douglas A. Lind), por lo que para

esta investigación se consideró que el nivel de significancia determinada es de $\alpha=0.05$

3. **Estadístico de prueba:** El estadístico de prueba utilizado es la distribución F. En este estadístico se comparan simultáneamente dos o más medias. A esta comparación llamada prueba de varianzas, se utiliza para probar si dos o más muestras provienen de varianzas iguales. La distribución F queda determinada por dos parámetros: grados de libertad en el numerador y los grados de libertad en el denominador. Una de las características de la distribución F es que es positivamente sesgada y a medida que aumentan los grados de libertad tanto en el numerador, como en el denominador la distribución tiende a la normalidad (Robert D. Mason).

Una vez que se determino la normalidad de los tres tratamientos, correspondientes a las tres áreas se procede a determinar el estadístico de prueba con la distribución F, y se llevo a cabo con los datos de cada una de las zonas especificadas en la Tabla 4 y el software Minitab. A continuación se muestran los resultados.

Tabla 4. Resultados del estadístico de Prueba (Distribución F)

ANOVA unidireccional: A; B; C

Fuente	GL	SC	CM	F	P
Factor	2	128,71	64,35	36,17	0,000
Error	18	32,02	1,78		
Total	20	160,73			

S = 1,334 R-cuad. = 80,08% R-cuad.(ajustado) = 77,86%

ICs de 95% individuales para la media
basados en Desv.Est. agrupada

Nivel	N	Media	Desv.Est.	----+---------+---------+---------+-----
A	7	32,356	0,850	(-----*----)
B	7	37,596	1,859	(-----*----)
C	7	37,618	1,076	(-----*----)

```
             ----+---------+---------+---------+-----
             32,0   34,0   36,0   38,0
```

Desv.Est. agrupada = 1,334

Agrupar información utilizando el método de Tukey

Área	N	Media	Agrupación
C	7	37,618	A
B	7	37,596	A
A	7	32,356	B

Nota: Las medias que no comparten una letra son significativamente diferentes.
Intervalos de confianza simultáneos de Tukey del 95%
Todas las comparaciones en parejas. Fuente: Elaboración Propia, 2012.

Los resultados obtenidos en la tabla 4 muestran que el **valor de p=0** por lo que se concluye que la probabilidad de que H_0 sea verdadero es imposible, las medias de los tres tratamientos nos son iguales, es decir, existe diferencia significativa en las temperaturas. También se puede observar gráficamente que la media de (A) difiere de las medias de (B y C). Y las desviaciones estándar también difieren significativamente, es decir no existe homogeneidad en las temperaturas del deshidratador solar.

A continuación se muestra en la figura 17 las medias de cada uno de los tratamientos (A, B, C) de temperaturas del deshidratador solar. Se observa que las temperaturas del área A difiere significativamente de las temperaturas de las áreas B y C.

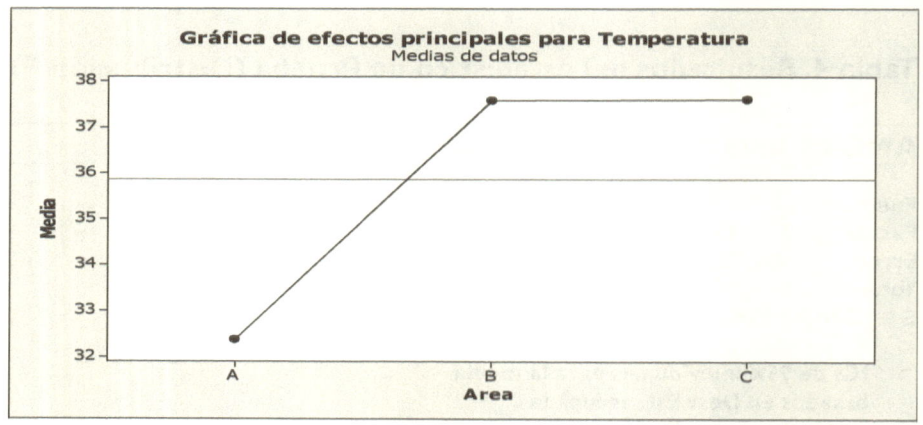

Figura 17. Medias

4. **Regla de decisión:** La regla de decisión establece las condiciones en las que se rechaza la hipótesis nula y las condiciones en que no se rechaza la hipótesis nula. Las condiciones se dan con el

nivel de significancia y los grados de libertad del numerador y del denominador obtenidos del número de áreas o tratamientos y del número de lecturas totales de los tratamientos, a estas condiciones se le llama **valor crítico**. El valor critico es el punto de división entre la región de aceptación de la hipótesis nula y de rechazo. Para tomar una decisión se procedió a determinar el valor crítico del estadístico de prueba para un nivel de significancia del 0.05 con F (0.05, 2, 18) y un 95% de confianza, con 2 grados de libertad en el numerador y 18 grados de libertad en el denominador F (3-1=2 y 21-3= 18), respectivamente. Los resultados obtenidos con el Software Minitab se muestra en la figura 18.

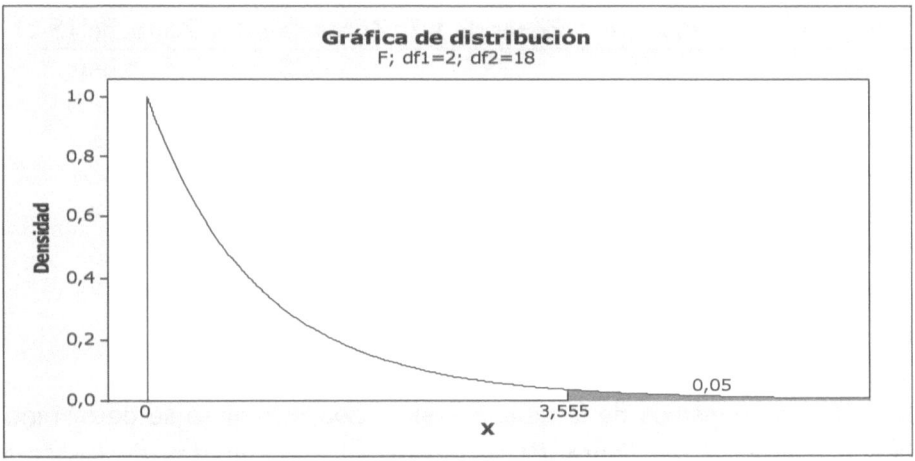

Figura 18. Muestra el valor crítico

5. **Toma de decisión:** En la tabla 4 de los resultados del estadística de prueba se observa que el valor F calculado es F=36,17, se encuentra fuera del área de aceptación del punto crítico F (0.05, 2,18)= 3.555 que se muestra en la figura 18. Por lo tanto se puede afirmar que las medias de las temperaturas no son iguales y que al menos una de ellas es diferente. Con los resultados obtenidos se puede afirmar que no existe evidencia significativa para aceptar la hipótesis nula, es decir no existe uniformidad en las temperaturas durante el proceso de deshidratación.

Debido a los resultados de no uniformidad de las temperaturas, se decidió analizar el promedio de la muestra 3 con sus tres áreas (A,B,C) desde las 10:00 a.m. hasta las 16:00 p.m. tomando 21 lecturas cada hora.

En la Tabla 5 se muestran los registros promedio de la tercera muestra de temperaturas del día 02-12-2011.

**Tabla 5. Temperatura promedio desde las
10:00 a.m. a las 16:00 p.m.**

Fecha (muestra 3)	Temperatura ambiente	Área A = Zonas de 1-7	Área B = Zonas de 8-14	Área C = Zonas de 15-21
02-12-2011	22,60	39,4	40,8	42,40
02-12-2011	22,60	39,3	40,8	42,77
02-12-2011	22,60	39,6	42,0	42,61
02-12-2011	22,60	40,3	42,6	41,60
02-12-2011	22,60	39,6	40,8	40,97
02-12-2011	22,60	39,0	40,5	40,63
02-12-2011	22,60	38,2	39,9	38,89

Fuente: Elaboración propia, 2012.

Con los registros de la tabla 5 y el software Minitab se determino la normalidad. En la figura 19 se muestra los resultados de los tres tratamientos de temperatura de la muestra 3.

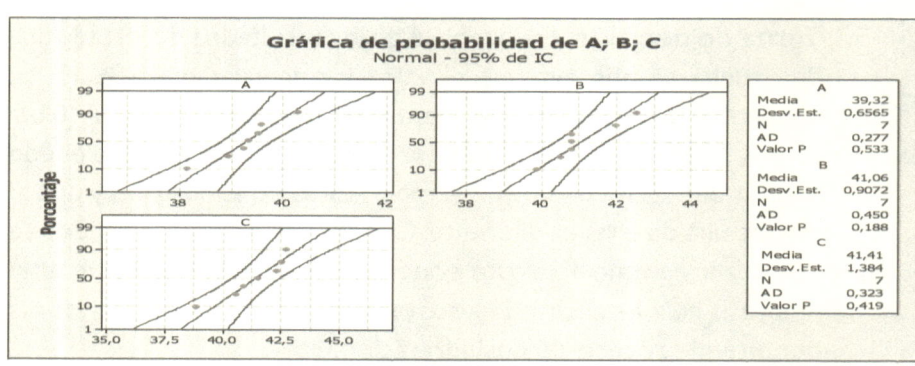

Figura 19. Normalidad

En la figura 19, se observa que el nivel de significancia observado en las tres áreas (A, B, C) **Valor-p > 0.05** es mayor al valor de significancia determinado de $\alpha=0.05$, por lo que podemos afirmar que no hay cambios significativos en la distribución de los datos, y por lo tanto el proceso de cada área del deshidratador solar (A, B, C) es estable. Una vez determinada la normalidad de la información determinamos el análisis ANOVA.

Análisis ANOVA

1. **Planteamiento de hipótesis:**

   $H_{0:}\ A=B=C$
   $H_{1:}\ A\neq B\neq C$

2. **Nivel de significancia** $\alpha=0.05$

3. **Resultados del estadístico de prueba:** En la siguiente tabla 6, se muestra los resultados obtenidos con los datos de la tabla 5 y el software Minitab. Sobre el estadístico de prueba F calculado.

Tabla 6. Análisis ANOVA

ANOVA unidireccional: temperatura vs. Áreas

Fuente	GL	SC	CM	F	P
Áreas	2	17,48	8,74	8,27	0,003
Error	18	19,02	1,06		
Total	20	36,50			

S = 1,028 R-cuad. = 47,90% R-cuad.(ajustado) = 42,11%

ICs de 95% individuales para la media
basados en Desv.Est. agrupada

Nivel	N	Media	Desv.Est.	-----+---------+---------+---------+----
A	7	39,324	0,657	(--------*-------)
B	7	41,063	0,907	(--------*-------)
C	7	41,410	1,384	(--------*-------)
				----+---------+---------+---------+-----
				39,0 40,0 41,0 42,0

Desv. Est. agrupada = 1,028

Agrupar información utilizando el método de Tukey

N	Media	Agrupación	
C	7	41,410	A
B	7	41,063	A
A	7	39,324	B

Nota: Las medias que no comparten una letra son significativamente diferentes.
Intervalos de confianza simultáneos de Tukey del 95%
Todas las comparaciones en parejas. Fuente: Elaboración propia, 2012.

Los resultados obtenidos en la tabla 6 Análisis ANOVA, muestran que el **valor de p=0.003** por lo que se concluye que la probabilidad de que H_0 sea verdadero es imposible, las medias de los tres tratamientos no son iguales, es decir, existe diferencia significativa en las temperaturas. También se puede observar gráficamente que la media de (A) difiere de las medias de (B, C) Y las desviaciones estándar también difieren significativamente, es decir se comprueba en esta tercera muestra, que no existe homogeneidad en las temperaturas del deshidratador solar.

4. **Regla de decisión:** La regla de decisión establece las condiciones en las que se rechaza la hipótesis nula y las condiciones en que no se rechaza la hipótesis nula. Los resultados obtenidos con el Software Minitab se muestra en la figura 20.

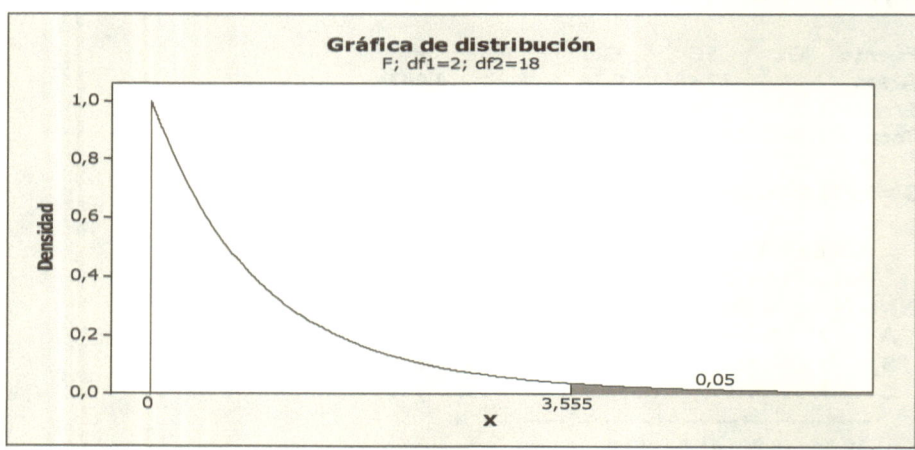

Figura 20. Muestra el valor crítico

5. **Toma de decisión:** En la tabla 6 de los resultados del estadística de prueba se observa que el valor F calculado es F=8.27, se encuentra fuera del área de aceptación del punto crítico F (0.05, 2,18)= 3.555 que se muestra en la figura 20. Por lo tanto, Se puede afirmar que las medias de las temperaturas no son iguales y no existe evidencia significativa para aceptar la hipótesis nula, es decir no existe uniformidad entre las áreas (A, B, C) o tratamientos de las temperaturas durante el proceso de deshidratación.

Resultados:

Muestra 1: La muestra uno no cumplió con la característica de normalidad, ya que el **valor p**, valor de significancia observado en las áreas A y C es $P < 0.05$, mientras que en el área B es > de 0.05 del nivel de significancia determinado. Se puede concluir que no existe normalidad en cada uno de los tres tratamientos (áreas definidas con 7 zonas c/u), por lo tanto el análisis ANOVA no fue conveniente realizarlo en esta primera muestra.

Muestra 2: Cumple con el principio de normalidad de los tratamientos y permitió realizar el análisis ANOVA sin inconveniente. En este análisis se concluye que, en el estadístico de prueba se observa que el valor F calculado es F=36.17, se encuentra fuera del área de aceptación del punto crítico F (0.05, 2,18), F= 3.555. Por lo tanto se puede afirmar que las medias de las temperaturas no son iguales y que al menos una de ellas es diferente. Con los registros de la muestra No. 2 y el Software Minitab se obtuvo la figura 21, donde muestra el informe resumen del análisis ANOVA.

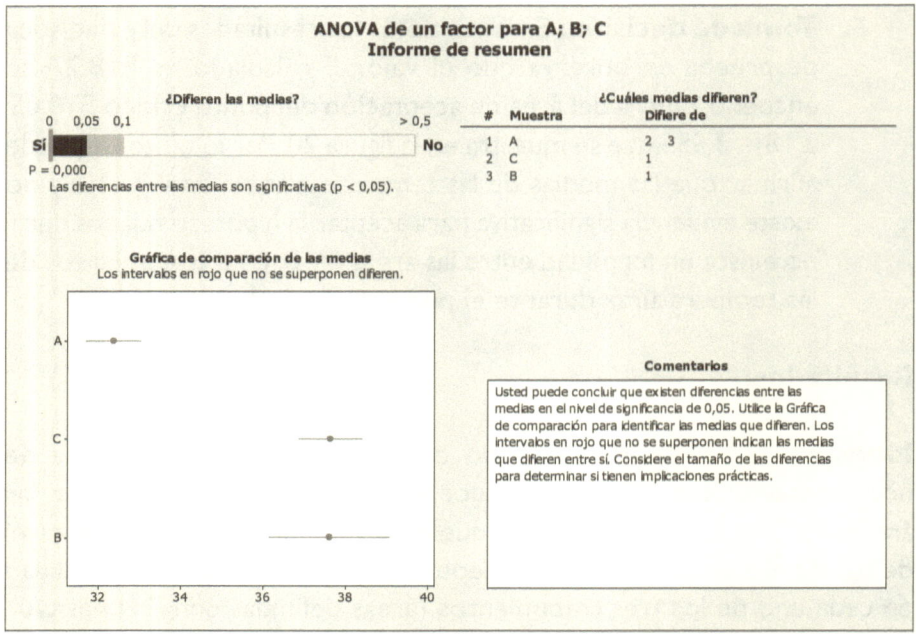

Figura 21. ANOVA de un factor para A, B y C

En la figura 21 se observa la diferencia de medias de cada tratamiento, por lo que se concluye que no existe homogeneidad en las temperaturas del deshidratador solar como resultado de análisis de la segunda muestra.

Muestra 3: La tercera muestra también cumple con el principio de normalidad de los tratamientos y permitió realizar el análisis ANOVA sin inconveniente. En este análisis se concluye que **el** estadística F calculado es F=8,27 se encuentra fuera del área de aceptación del punto crítico F (0.05, 2,18)= 3.555 que se muestra en la figura 20. Por lo tanto se puede afirmar que las medias de las temperaturas no son iguales y que al menos una de ellas es diferente. Con los registros de temperatura de la muestra No.3 y el Software Minitab se obtuvo la figura 22, donde muestra el informe resumen del análisis ANOVA.

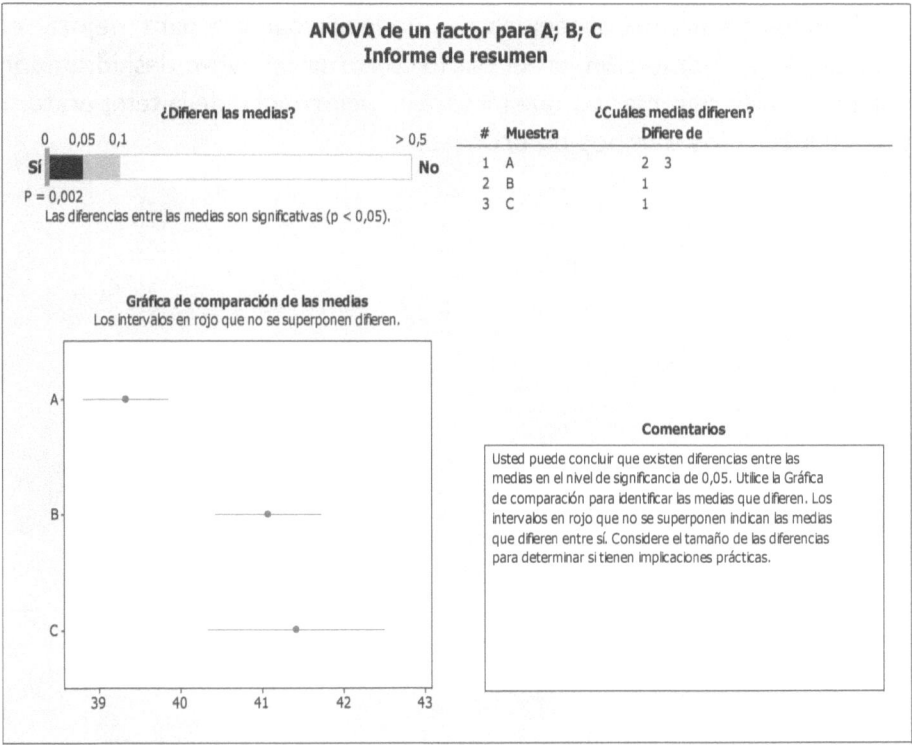

Figura 22. Informe de Resumen

Conclusión

Con los datos de la muestra1, no se cumplió con las características de normalidad y de variabilidad, por lo que no se realizó el análisis ANOVA. (Debido a los cambios de temperatura y a que el deshidratador no contiene materiales refractarios para conservar el calor por mucho tiempo). En la muestra 2, el análisis ANOVA, muestra normalidad en los tratamientos, pero también muestra diferencia de medias, por lo que se puede afirmar que la hipótesis nula se rechaza, es decir no existe uniformidad en las diferentes áreas del deshidratador. En la muestra 3 el análisis ANOVA, muestra que las medias no son iguales de cada uno de los tratamientos y por lo tanto se rechaza la hipótesis nula, es decir muestra que no hay uniformidad en las temperaturas de las diferentes zonas del deshidratador.

Con los resultados obtenidos, se puede afirmar que para mejorar el proceso de deshidratación, es necesario construir un nuevo deshidratador con materiales refractarios, que mejore la uniformidad de la temperatura y se reduzcan los tiempos de proceso.

11. Diseño y construcción del deshidratador solar con materiales refractarios

Las paredes laterales del deshidratador que anteriormente eran de lámina galvanizada se sustituyeron por vidrio de 6 mm y una cama de poliuretano de 10 cm de espesor. Al ser estos materiales refractarios, el calor se conserva mayor tiempo en la cámara de deshidratado, teniendo un aumento y uniformidad en la temperatura del deshidratador y por tanto disminuyendo el tiempo de secado (Figura 23).

Figura 23. Deshidratador solar con materiales refractarios

A continuación se observa uno de los profesores del cuerpo académico verificando las medidas y características del deshidratador solar con materiales refractarios (Figura 24).

Figura 24. Verificando medidas

12. Evaluación del deshidratador nuevo con materiales refractarios

12.1. Metodología

Para la realización del estudio térmico del deshidratador nuevo con materiales refractarios se realizó mediante la siguiente metodología:

El deshidratador se dividió en tres áreas (A, B, C), con 7 zonas c/u, enumeradas del 1 al 7 en el área A, del 8 al 14 en el área B, y del 15 al 21 en el área C como se muestra en la tabla 7.

Tabla 7. Áreas y Zonas Deshidratadora con materiales refractarios

Área A = Zonas de 1-7 (lado izquierdo del deshidratador)	Área B = Zonas de 8-14 (Centro del deshidratador)	Área C = Zonas de 15-21 (lado derecho del deshidratador)
1	8	15
2	9	16
3	10	17
4	11	18
5	12	19
6	13	20
7	14	21

Fuente: Elaboración propia, 2012.

En la Tabla 7, se muestran las áreas identificadas del cristal del deshidratador en forma vertical con las zonas identificadas con los números especificados en cada una de las columnas. Se tomaron lecturas de temperatura cada hora desde las 10:00 a.m. hasta las 16:00 p.m. El propósito del estudio consiste en verificar la uniformidad de la temperatura en el deshidratador.

El registro de temperaturas se llevo a cabo en grados centígrados con un termómetro de rayos infrarrojos. Las muestras se identificaron con los siguientes códigos.

Muestra 1:= 20-01-2012
Muestra 2:= 23-01-2012
Muestra 3:= 24-01-2012

Desarrollo:

Muestra 1: A continuación se muestra el promedio de temperaturas registradas durante el día 20 de Enero del 2012, registradas cada hora, desde las 10:00 de la mañana hasta las 16:00 horas p.m. A continuación se muestra los promedios de los registros del día 20 de Enero del 2012.

Tabla 8. Temperatura promedio de 10:00 a.m. a 16:00 p.m.

Fecha	Temperatura ambiente	Área A = Zonas de 1-7	Área B = Zonas de 8-14	Área C = Zonas de 15-21
	22,68	A	B	C
	22,68	56,4	56,8	53,83
	22,68	55,9	56,6	55,09
20/01/2012	22,68	56,0	56,5	55,51
	22,68	55,5	56,1	55,09
	22,68	55,8	55,4	55,40
	22,68	51,7	54,5	54,83
	22,68	49,6	51,9	52,37

Fuente: Elaboración propia, 2012.

Con los datos de la Tabla 8 y el Software Minitab se determinó la normalidad de cada una de los tres tratamientos para determinar el principio de normalidad de temperatura del deshidratador.

Para determinar la normalidad del estadístico de prueba se definió el nivel de significancia de $\alpha = 0.05$, mientras que el valor observado o calculado (**valor - P**), donde P, es el área bajo la distribución de referencia más allá del valor del estadístico de prueba o área bajo la curva fuera del intervalo para pequeñas muestras ($-t_o, t_o$) (Humberto Gutiérrez Pulido 2008). Donde t_o es la variable que tiene una distribución t student para pequeñas muestras con n-1 grados de libertad. De la situación anterior se desprende que H_o se rechaza si la significancia observada (**valor - P**) es menor que la significancia dada, o sea, si el valor de $P < \alpha$. Para nuestro estudio se ha considerado una significancia de $\alpha = 0.05$ y los resultados obtenidos realizados con los registros de la tabla 8 y el software Minitab se muestran en la figura 25, donde encontramos que el valor P calculado es de $P_A = 0.009$ en el primer tratamiento. En el segundo y tercero es apenas mayor donde valor de $P_B = 0.069$, $P_C = 0.052$ por lo que apenas cumple con el principio de normalidad.

En la figura 25, se muestran los resultados de la normalidad de los tres tratamientos.

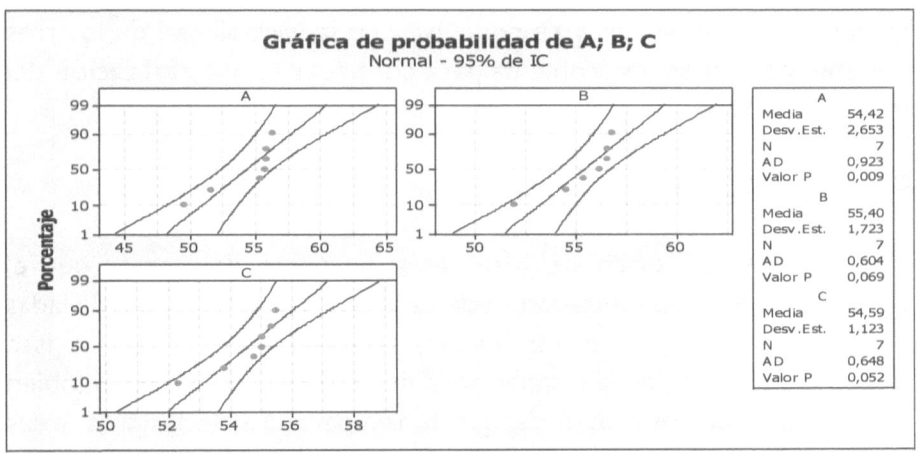

Figura 25. Normalidad de los tratamientos

En la figura 25, se puede observar que apenas pasa la prueba de normalidad, por lo que se procedió a la realizar la prueba de comparación de varianzas para verificar si la variabilidad no es un problema para el estudio.

En la figura 26, se muestra los resultados de la comparación de varianzas de los tratamientos.

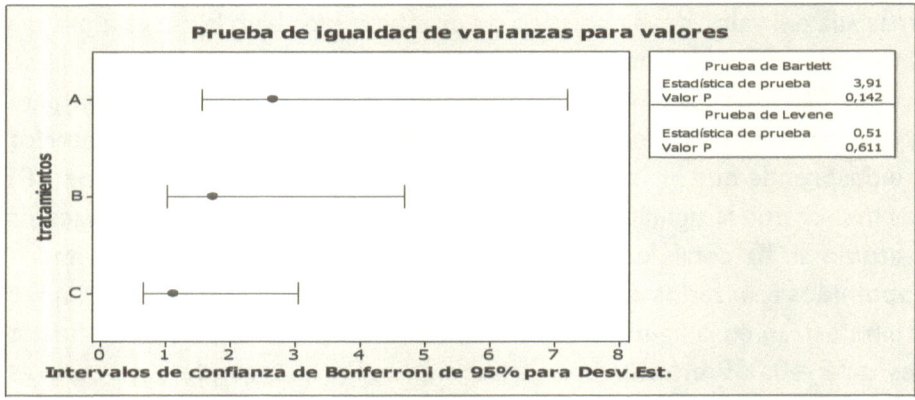

Figura 26. Comparación de varianzas

En la figura 26, se observa que el **valor p** tanto la prueba de Bartlett, como la prueba Levene es mayor de α =0.05, por lo tanto las varianzas son iguales y se concluye que la variabilidad de los tres tratamientos no es un problema para continuar con la realización del análisis ANOVA.

Análisis ANOVA

1. **Planteamiento de hipótesis:** Se desea demostrar que el promedio de temperatura de cada una de las áreas identificadas como A, B, C (tratamientos) son iguales H_0 y que existe uniformidad en la temperatura del deshidratador, pero también existe la posibilidad de que la temperatura de las tres áreas definidas sea que A≠B≠C Y no sea uniforme H_I.

   H_0: A=B=C
   H_I: A≠B≠C

2. **Nivel de significancia:** El nivel de significancia (α), es el nivel de riesgo que se corre de rechazar la hipótesis nula cuando,

en realidad, es verdadera (Douglas A. Lind, William G. Marchal). El nivel de significancia mas recomendada para proyectos de investigación es de $\alpha=0.05$ (Douglas A. Lind), por lo que para esta investigación se consideró que el nivel de significancia determinada es de $\alpha=0.05$

3. **Estadístico de prueba:** El estadístico de prueba utilizado es la distribución F. En este estadístico se comparan simultáneamente dos o más medias y varianzas. A esta comparación llamada prueba de varianzas se utiliza para probar si dos o más muestras provienen de varianzas iguales. La distribución F queda determinada por dos parámetros: grados de libertad en el numerador y los grados de libertad en el denominador. Una de las características de la distribución F es que es positivamente sesgada y a medida que aumentan los grados de libertad tanto en el numerador, como en el denominador la distribución tiende a la normalidad. (Robert D. Mason).

A continuación se muestra el estadístico de prueba a partir de los datos registrados que se muestran en la tabla 8 y el software Minitab.

Tabla 9. Resultados del estadístico de prueba

ANOVA unidireccional: valores vs. Áreas

Fuente	GL	SC	CM	F	P
Areas	2	3,86	1,93	0,51	0,607
Error	18	67,61	3,76		
Total	20	71,46			

S = 1,938 R-cuad. = 5,40% R-cuad.(ajustado) = 0,00%

ICs de 95% individuales para la media
basados en Desv. Est. agrupada

Nivel	N	Media	Desv.Est.	--------+---------+---------+---------+
A	7	54,424	2,653	(------------*------------)
B	7	55,404	1,723	(------------*------------)
C	7	54,588	1,123	(------------*------------)

```
        ---------+---------+---------+---------+
        54,0   55,2   56,4   57,6
```

Desv. Est. agrupada = 1,938

Fuente: Elaboración propia, 2012.

Los resultados obtenidos en la tabla 9 muestran que el **valor de P es =0.607, P> 0,05,** por lo que se concluye que la hipótesis nula H_0 es verdadera, las medias de los tres tratamientos son iguales, es decir, no existe diferencia significativa en las temperaturas. También se puede observar gráficamente que las medias de los tres tratamientos o niveles (A,B,C) se encuentran dentro de los limites de confianza del 95%. Por lo que se puede afirmar que en esta primera prueba estadísticamente existe homogeneidad en las temperaturas del deshidratador solar construido con materiales refractarios.

4. **Regla de decisión:** La regla de decisión establece las condiciones en las que se rechaza la hipótesis nula y las condiciones en que no se rechaza. Las condiciones se dan con el nivel de significancia y los grados de libertad del numerador y del denominador obtenidos del número de áreas o tratamientos y del número de lecturas totales de los tratamientos, a estas condiciones se le llama **valor crítico**. El valor critico es el punto de división entre la región de aceptación de la hipótesis nula y de rechazo. Para tomar una decisión se procedió a determinar el valor crítico del estadístico de prueba para un nivel de significancia del 0.05 con el valor F calculado. F (0.05, 2,18) y un 95% de confianza, con 2 grados de libertad en el numerador y 18 grados de libertad en el denominador F (3-1=2 y 21-3= 18), respectivamente. Los resultados obtenidos con el Software Minitab se muestran en la figura 27.

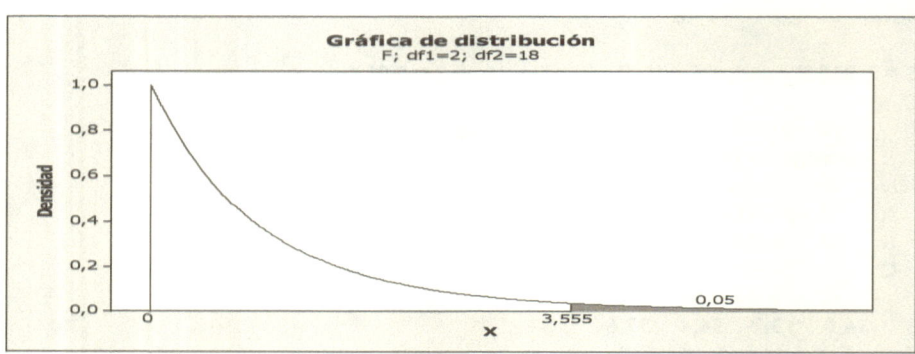

Figura 27. Punto crítico

5. **Toma de decisión:** En la tabla 9 de los resultados del estadístico de prueba se observa que el valor F calculado es F= 0.51, se encuentra dentro del área de aceptación del punto crítico F $(0.05, 2, 18)= 3.555$ que se muestra en la figura 27. Por lo tanto se puede afirmar que las medias de las temperaturas son iguales. Con los resultados obtenidos se puede afirmar que existe evidencia significativa para aceptar la hipótesis nula.

Muestra 2: A continuación se muestra el promedio de temperaturas registradas durante el día 23 de Enero del 2012. Las temperaturas se registraron cada hora, desde las 10:00 de la mañana hasta las 16:00 horas p.m. A continuación se muestra los promedios de los registros.

Tabla 10. Temperaturas promedio desde las 10:00 a.m. a las 16:00 p.m.

Fecha	Temperatura ambiente	Área A = Zonas de 1-7	Área B = Zonas de 8-14	Área C = Zonas de 15-21
	24,11	63,2	63,5	60,71
	24,11	61,7	63,2	60,94
	24,11	61,9	66,0	58,73
23/01/2012	24,11	62,0	63,4	60,00
	24,11	59,8	61,4	61,89
	24,11	57,4	59,3	58,66
	24,11	52,8	54,9	55,90

Fuente: Elaboración propia, 2012.

Con los datos de la Tabla 10 se determinó la normalidad de cada uno de los tres tratamientos para determinar el principio de normalidad de temperatura del deshidratador.

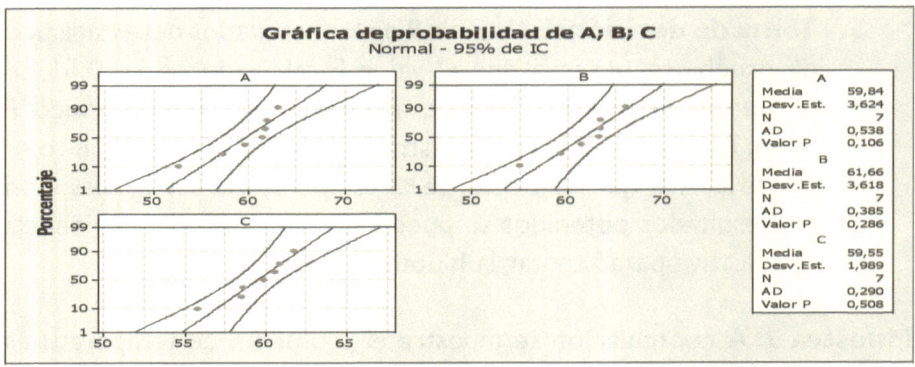

Figura 28. Normalidad de los tratamientos

En la figura 28, se puede observar que el **valor de P>** de 0.05, por lo tanto existe normalidad en cada uno de los tratamientos.

En la figura 29, se muestra los resultados de la comparación de varianzas de los tres tratamientos.

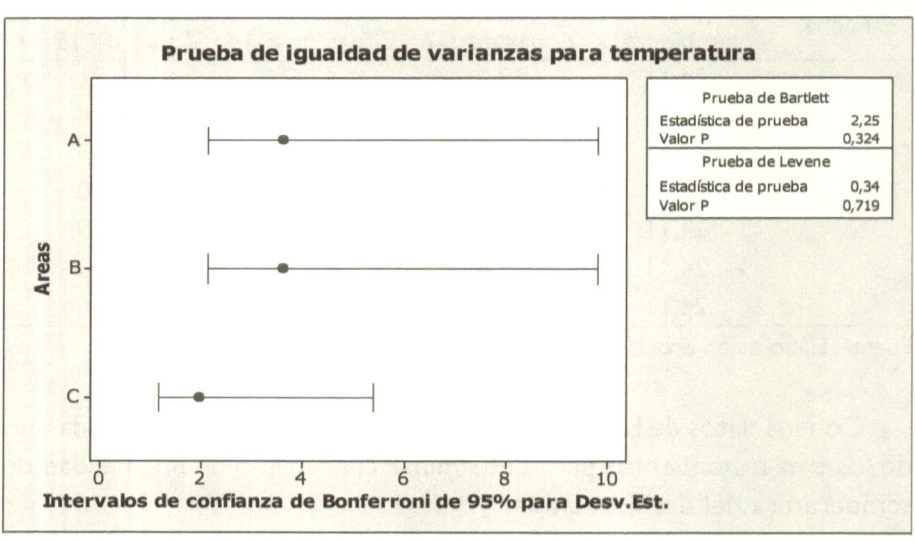

Figura 29. Prueba de igualdad de varianza para temperaturas

En la figura 29, se observa que el **valor p** tanto la prueba de Bartlett, como la prueba Levene es mayor de $\alpha=0.05$, muestra que las varianzas son iguales y por lo tanto se concluye que la variabilidad de cada tratamiento no es un problema para continuar con la realización del análisis ANOVA.

Análisis ANOVA

1. **Planteamiento de hipótesis:** Se desea demostrar que el promedio de temperatura de cada una de las áreas identificadas como A, B, C (tratamientos) son iguales H_0 y que existe uniformidad en la temperatura del deshidratador, pero también existe la posibilidad de que la temperatura de las tres áreas definidas sea A≠B≠C y no sea uniforme H_1.

$$H_{0:} A=B=C$$
$$H_{1:} A≠B≠C$$

2. **Nivel de significancia:** El nivel de significancia **seleccionado es de α=0.05**
3. **Estadístico de prueba: Se selecciona el estadístico de prueba F de Fisher y los resultados son los siguientes.**

Tabla 11. Prueba de varianza iguales: Temperatura Vs. Áreas

ANOVA unidireccional: temperatura vs. Áreas

Fuente	GL	SC	CM	F	P
Áreas	2	18,4	9,2	0,91	0,419
Error	18	181,1	10,1		
Total	20	199,5			

S = 3,172 R-cuad. = 9,22% R-cuad. (ajustado) = 0,00%

ICs de 95% individuales para la media
basados en Desv.Est. agrupada

Nivel	N	Media	Desv.Est.	-----+---------+---------+---------+----
A	7	59,843	3,624	(-----------*-----------)
B	7	61,664	3,618	(-----------*-----------)
C	7	59,548	1,989	(-----------*-----------)

-----+---------+---------+---------+----
58,0   60,0   62,0   64,0

Desv. Est. agrupada = 3,172

Fuente: Elaboración propia, 2012.

Los resultados obtenidos en la tabla 11 muestran que el **valor de P = 0.419, P > 0,05,** por lo que se concluye que la hipótesis nula H_0 es verdadera. También se puede observar gráficamente que las medias de los tres tratamientos o niveles (A,B,C) se encuentran dentro de los limites de confianza del 95%, **por lo que se puede afirmar que en esta segunda prueba estadísticamente existe homogeneidad en las temperaturas del deshidratador solar construido con materiales refractarios.**

4. **Regla de decisión:** El valor critico del estadístico de prueba para un nivel de significancia del 0.05 se determina con F (0.05, 2, 18) y un 95% de confianza, con 2 grados de libertad en el numerador y 18 grados de libertad en el denominador F (3-1=2 y 21-3= 18), respectivamente. Los resultados obtenidos del valor crítico se muestran en la figura 30.

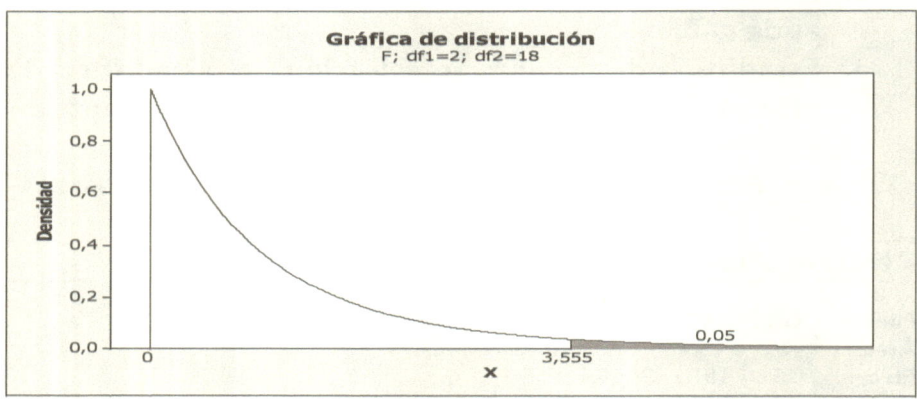

Figura 30. Punto Crítico

5. **Toma de decisión:** En la tabla 11 de los resultados del estadístico de prueba se observa que el valor F calculado es F=0.91, se encuentra dentro del área de aceptación del punto crítico F (0.05, 2,18)= 3.555 que se muestra en la figura 30, Por lo tanto las medias de las temperaturas son iguales. **Con los resultados obtenidos se puede afirmar que existe evidencia significativa para aceptar la hipótesis nula, es decir existe uniformidad en las temperaturas con el nuevo deshidratador.**

Muestra 3: A continuación se muestra el promedio de temperaturas registradas durante el día 24 de Enero del 2012, registradas cada hora, desde las 10:00 de la mañana hasta las 16:00 horas p.m. A continuación se muestra los promedios de los registros.

Tabla 12. Temperatura promedio desde las 10:00 a.m. a las 16:00 p.m.

Fecha	Temperatura ambiente	Área A = Zonas de 1-7	Área B = Zonas de 8-14	Área C= Zonas de 15-21
	22.03	58,5	57,8	54,40
	22.03	57,7	57,8	54,01
	22.03	55,7	57,4	53,49
24/01/2012	22.03	53,1	54,7	52,43
	22.03	53,0	55,1	51,70
	22.03	49,9	49,6	48,91
	22.03	47,0	46,8	46,11

Fuente: Elaboración propia, 2012.

Con los datos de la Tabla 12 se determinó la normalidad de cada una de los tres tratamientos para determinar el principio de normalidad de temperatura del deshidratador.

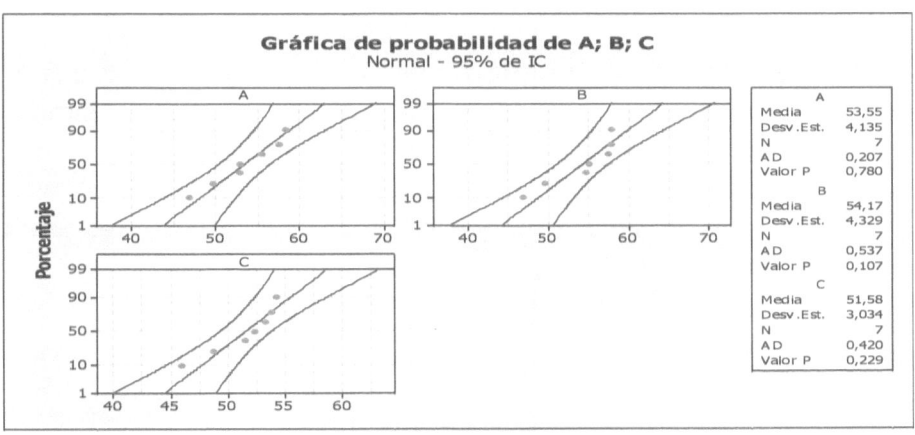

Figura 31. Normalidad de los tratamientos

En la figura 31, se observa que el **valor de P** determinado es mayor de 0.05 por lo tanto existe normalidad en los tres tratamientos.

En la figura 32, se muestra los resultados de la comparación de varianzas de los tres tratamientos.

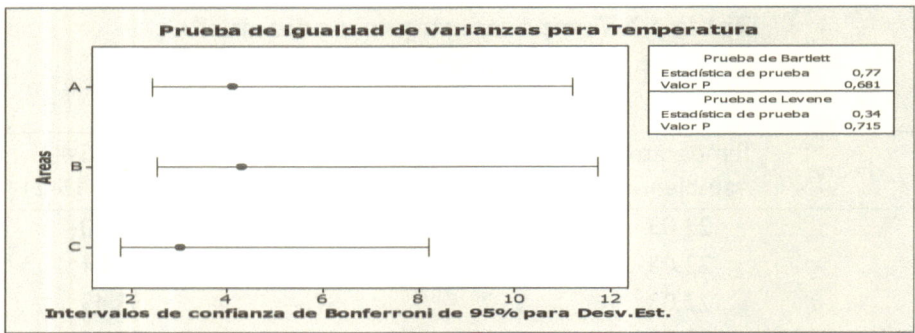

Figura 32. Prueba de igualdad de varianzas para temperatura

En la figura 32, se observa que el **valor p** tanto la prueba de Bartlett, como la prueba Levene es mayor de $\alpha=0.05$, muestra que las varianzas son iguales y por lo tanto se concluye que la variabilidad de los tres tratamientos no es un problema para continuar con la realización del análisis ANOVA.

Análisis ANOVA

1. **Planteamiento de hipótesis:** Se desea demostrar que el promedio de temperatura de cada una de las áreas identificadas como A, B, C (tratamientos) son iguales H_o y que existe uniformidad en la temperatura del deshidratador, pero también existe la posibilidad de que la temperatura de las tres áreas definidas sea A≠B≠C y no sea uniforme H_1.

    $H_0: A=B=C$
    $H_1: A≠B≠C$

2. **Nivel de significancia:** El nivel de significancia **seleccionado es de $\alpha=0.05$**

3. **Estadístico de prueba: Se selecciona el estadístico de prueba F de Fisher y los resultados son los siguientes.**

Tabla 13. Prueba de varianzas iguales: Temperatura Vs. Áreas

ANOVA unidireccional: Temperatura vs. Áreas

Fuente	GL	SC	CM	F	P
Areas	2	25,7	12,8	0,86	0,442
Error	18	270,3	15,0		
Total	20	296,0			

S = 3,875 R-cuad. = 8,68% R-cuad.(ajustado) = 0,00%

```
             ICs de 95% individuales para la media
             basados en Desv.Est. agrupada
Nivel  N   Media   Desv.Est. ------+---------+---------+---------+---
  A    7   53,553   4,135    (-----------*------------)
  B    7   54,173   4,329    (------------*-----------)
  C    7   51,580   3,034    (-----------*------------)
                   ------+---------+---------+---------+---
             50,0 52,5 55,0 57,5
             Desv. Est. agrupada = 3,875
```

Fuente: Elaboración propia, 2012.

Los resultados obtenidos en la tabla 13 muestran que el **valor de P =0.442, P> 0.05,** por lo que se concluye que la hipótesis nula H_0 es verdadera. También se puede observar gráficamente que las medias de los tres tratamientos o niveles (A, B, C) se encuentran dentro de los límites de confianza del 95%. Por lo que en esta tercera prueba también existe homogeneidad en las temperaturas del deshidratador solar construido con materiales refractarios.

4. **Regla de decisión:** El valor critico del estadístico de prueba para un nivel de significancia del 0.05 se determina con F (0.05, 2, 18) y un 95% de confianza, con 2 grados de libertad en el numerador y 18 grados de libertad en el denominador F (3-1=2 y 21-3= 18), respectivamente. Los resultados obtenidos del valor crítico se muestran en la figura 33.

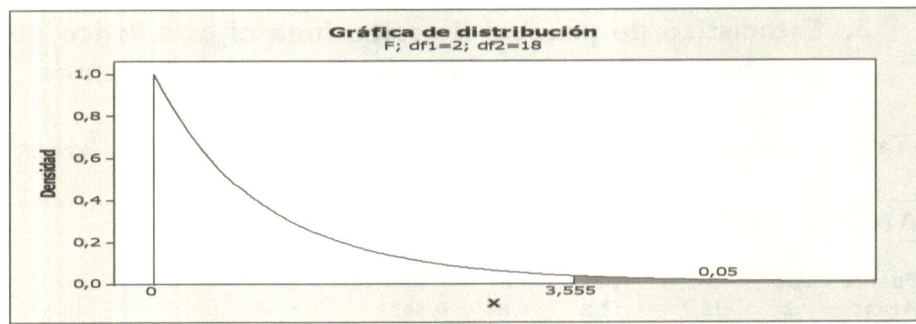

Figura 33. Punto critico

5. Toma de decisión: En la tabla 13 de los resultados del estadístico de prueba se observa que el valor F calculado es F=0.86 se encuentra dentro del área de aceptación del punto crítico F (0.05, 2,18)= 3.555 que se muestra en la figura 33, Por lo tanto las medias de las temperaturas son iguales. Con los resultados obtenidos se puede afirmar que existe evidencia significativa para aceptar la hipótesis nula, es decir los resultados muestran que existe uniformidad en las temperaturas.

Resultados finales:

Muestra 1: Los resultados de la muestra 1 identificado con el código 20-01-2012 cumple con el principio de normalidad de los tratamientos y con la igualdad de varianzas por lo que permitió realizar el análisis ANOVA sin inconveniente. En este análisis se concluye que en el estadístico de prueba se observa que el valor F calculado es F=0.51, se encuentra dentro del área de aceptación del punto crítico F (0.05, 2,18), F= 3.555 que se muestra en la figura 33, Por lo tanto se puede afirmar que las medias de las temperaturas son iguales a un nivel de significancia del 0.05.

A continuación se muestra en la figura 34, el informe resumen del análisis ANOVA.

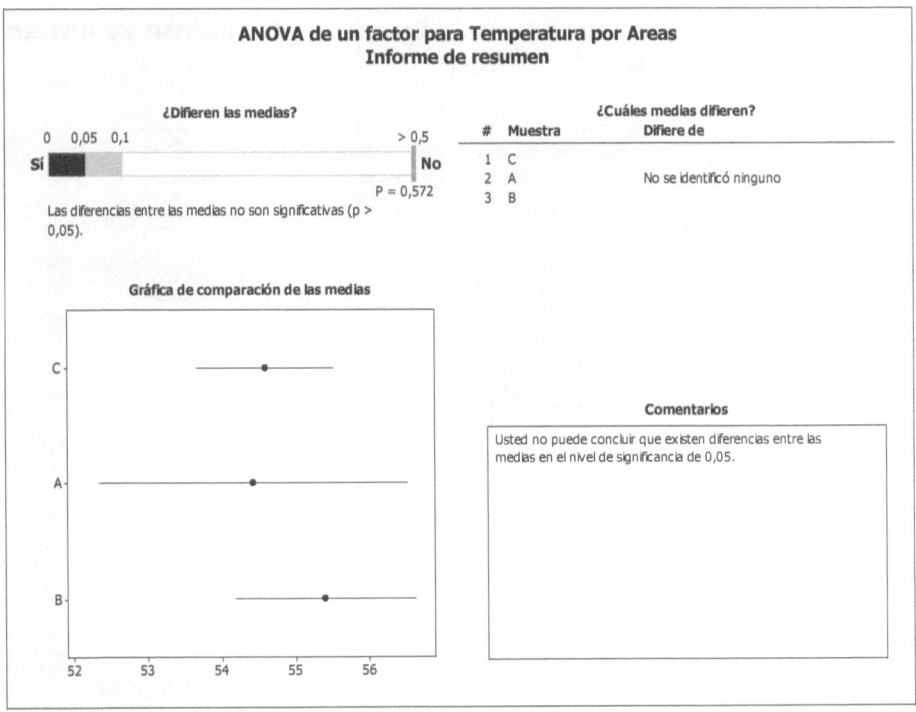

Figura 34. Informe de resumen

En la figura 34, se observan los resultados del análisis ANOVA, donde muestra que las medias son iguales, es decir se concluye que las temperaturas de los tres tratamientos son uniformes a un 95% de confianza. **Por lo que permite afirmar que la construcción del nuevo deshidratador con materiales refractarios dio buenos resultados.**

Muestra 2: La muestra 2 identificado con el código 23-01-2012 cumple con el principio de normalidad de los tratamientos y con la igualdad de varianzas por lo que permitió realizar el análisis ANOVA sin inconveniente. En este análisis se concluye que en el estadístico de prueba se observa que el valor F calculado es F=0,91, se encuentra dentro del área de aceptación del punto crítico F (0.05, 2, 18), F= 3.555 que se muestra en la figura 33, Por lo tanto se puede afirmar que las medias de las temperaturas son iguales a un nivel de significancia del 0.05.

A continuación se muestra en la figura 35, **el informe resumen del análisis ANOVA**

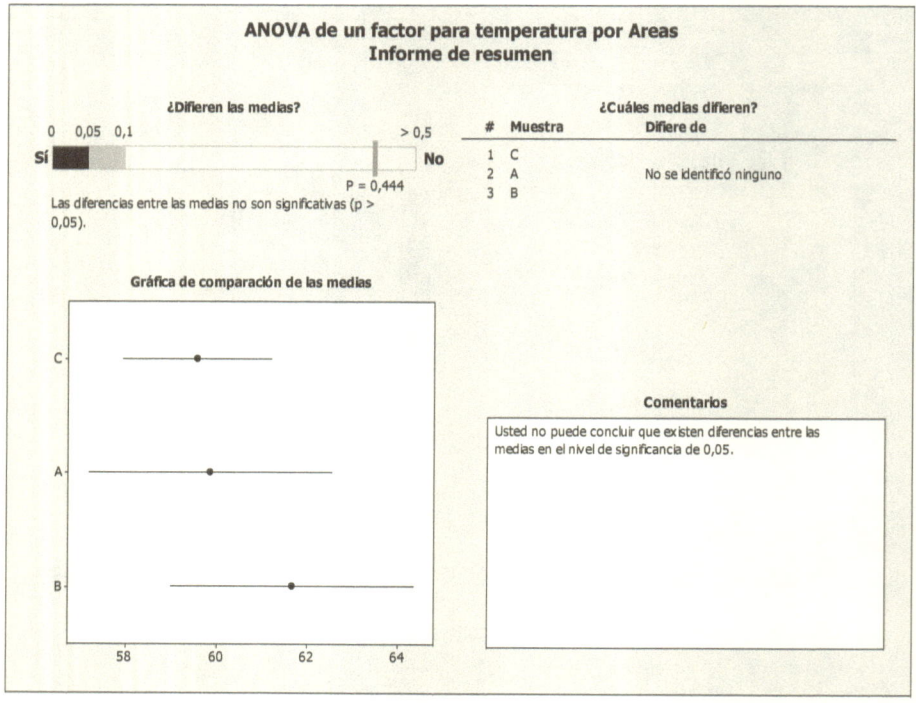

Figura 35. Informe de resumen del Análisis ANOVA

En la figura 35, se observan los resultados del análisis ANOVA, donde muestra que las diferencias entre las medias no son significativas (p> 0,05), es decir se concluye que las temperaturas de los tres tratamientos son iguales a un 95% de confianza. **Por lo que permite afirmar que la construcción del nuevo deshidratador con materiales refractarios dio buenos resultados.**

Muestra 3: La muestra 3 identificada con el código 24-01-2012 cumple con el principio de normalidad de los tratamientos y con la igualdad de varianzas, por lo que permitió realizar el análisis ANOVA sin inconveniente. En este análisis se concluye que en el estadístico de prueba se observa que el valor F calculado es F=0.86, se encuentra dentro del área de aceptación del punto crítico F (0.05,2,18), F= 3.555 que se muestra en la figura 33, Por lo tanto se puede afirmar que las medias de las temperaturas son iguales a un nivel de significancia del 0,05. A continuación se muestra en la figura 36, **el informe resumen del análisis ANOVA**

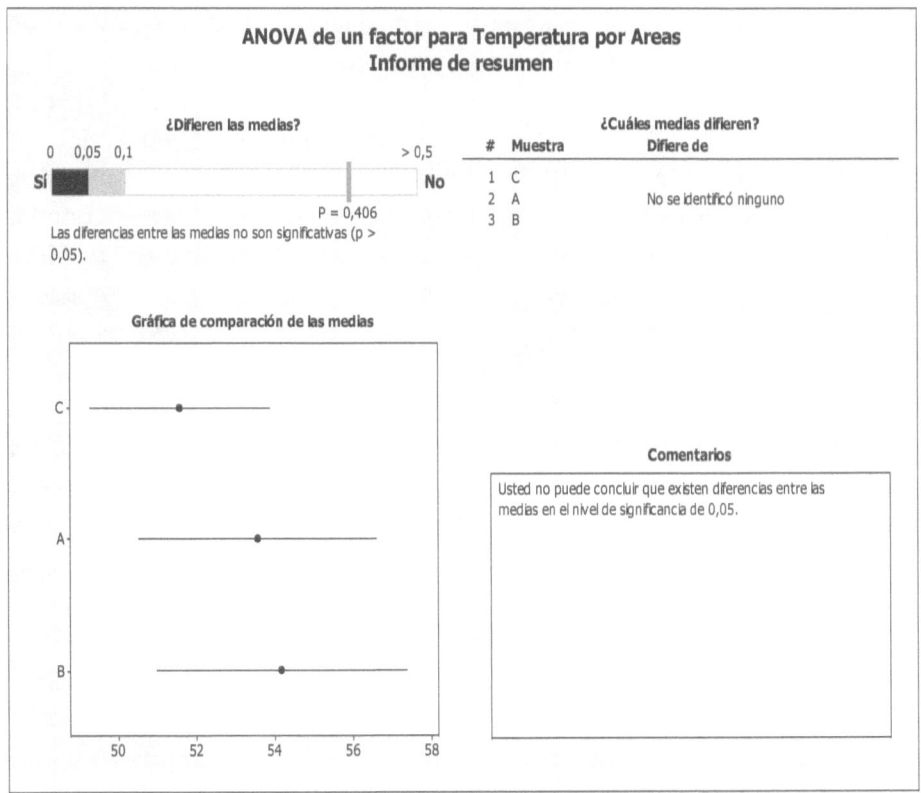

Figura 36. Informe de resumen ANOVA para temperatura

En la figura 36, se observan los resultados del análisis ANOVA, donde muestra que las diferencias entre las medias no son significativas (p> 0.05), es decir se concluye que las temperaturas de los tres tratamientos son iguales a un 95% de confianza. **Por lo que permite afirmar que la construcción del nuevo deshidratador con materiales refractarios dio buenos resultados.**

Conclusión:

Con los datos de la muestra I se cumplió con las características de normalidad y de variabilidad, por lo que se realizó el análisis ANOVA. Los resultados obtenidos en el estadístico de prueba fue de F=0.51, mientras que el punto crítico es de 3.55, por lo que podemos afirmar que en este análisis las medias de los tratamientos son iguales, es decir encontramos que la temperatura es uniforme en esta primera muestra.

En la muestra 2, existe normalidad en los tratamientos. Por lo que se realizó el análisis ANOVA sin ningún inconveniente. El estadístico de prueba F después de procesar la información se encontró con un valor de F=0.9, que comparado con el punto crítico de F=3.55 se encuentra dentro del área de aceptación, por lo que se puede afirmar que no existe significancia de variabilidad en las temperaturas en esta segunda muestra. Y por lo tanto se acepta la hipótesis nula, es decir existe uniformidad en las temperaturas del deshidratado.

En la muestra 3, también presenta normalidad en los tratamientos. Y el estadístico de prueba resulto ser de F=0.86, y el punto crítico es de 3.55 por lo que el estadístico de prueba se encuentra dentro del área de aceptación de la hipótesis nula, por lo que se afirma en forma contundente que en esta tercera muestra la temperatura también es uniforme. Cabe destacar que la temperatura promedio del nuevo deshidratador con las tres muestras se logró incrementar a 57.43°C, mientras que la temperatura promedio del deshidratador convencional es de 38.61°C.

Con el nuevo deshidratador se logró uniformizar la temperatura y se incrementó en un 48.74% de temperatura con respecto al deshidratador convencional, por lo que podemos afirmar que el nuevo deshidratador con materiales refractarios dio excelentes resultados.

Bibliografía

1. Astigarraga-Urquiza, J.; Astigarraga-Aguirre, J. (1995). Hornos de alta frecuencia y microondas. Teoría, cálculo y aplicaciones. Mc Graw-Hill.

2. A lind Douglas, G Marchal William, D Mason Robert (2004) Estadística para Administración 11a edición, Alfaomega, Mexico D.F.

3. Barbosa-Cánovas G.V.Vega-Mercado H. Deshidratación de Alimentos. Editorial ACRIBIA, S.A. Zaragoza (España), 2000.

4. Buffler, Ch. (1993). Microwave cooking and processing: engineering fundamentals for food scientist. Editorial AVI. New York.

5. Desrosier, Norman W., *"Conservación de Alimentos",* Cía. Editorial Continental, 1991.

6. Fito Maupey Pedro; Andrés Grau Ana María; Barat Baviera José Manuel; Albors Soralla Ana María. "Introducción al secado de alimentos por aire caliente". Editorial Universidad Politécnica de Valencia, 2001. pp. 5-27.

7. Frazier, W.C., *"Microbiología de los Alimentos"* 4ª edición; Ed. Acribia, 1993.

8. Galaviz, J.V. (2011). Fortificación de Pan a Base de Tomate Deshidratado. Gaceta Universitaria, 10-13.

9. Smith William F. Fundamento de la ciencia e ingeniería de materiales 2da. Edición, 1993, McGraw-Hill.

10. Toledo R.T. Dehydration. Fundamentals of Food Process Engineering. 2nd Edition. Editorial Chapman & Hall, New York · London, 1994, p 456

11. Vega A. Lemus. R. Importancia de las Isotermas en los Alimentos, Rev. Indualimentos 2005; 8 (35): 71

Biografía de los autores

José Víctor Galaviz Rodríguez, Doctorado en Planeación Estratégica y Dirección de Tecnología, Universidad Popular Autónoma del Estado de Puebla.

Romualdo Martínez Carmona, Mtro. En Ciencias de la Calidad y Mtro. En Ingeniería Administrativa, Universidad Autónoma de Tlaxcala e Instituto Tecnológico de Apizaco.

Benito Armando Cervantes Hernández, Mtro. En Desarrollo Educativo, Universidad de Puebla S.C.

José Luis Hernández Corona, Mtro. En Ciencias, Centro de Investigaciones en Ingeniería y Ciencias Aplicada.

Ernesto Mendoza Vázquez, Mtro. En Ciencias, Centro de Investigaciones en Ingeniería y Ciencias Aplicada.

Alfonso Padilla Vivanco, Doctorado en Ciencias especialidad en Óptica. Instituto Nacional de Astrofísica, Óptica y Electrónica.

David Villegas Hernández. Doctorado en Ciencias con especialidad en ingeniería metalúrgica. Centro de Investigación y de Estudios avanzados del IPN U. Saltillo